花生低损脱壳品种特征研究

◎ 王建楠 著

中国农业科学技术出版社

图书在版编目（CIP）数据

花生低损脱壳品种特征研究 / 王建楠著 . -- 北京 : 中国农业科学技术出版社，2024.9. -- ISBN 978-7-5116-7083-0

Ⅰ. S565.202.3

中国国家版本馆 CIP 数据核字第 2024P4X259 号

责任编辑 姚 欢
责任校对 王 彦
责任印制 姜义伟 王思文

出 版 者 中国农业科学技术出版社
北京市中关村南大街 12 号 邮编: 100081
电　　话（010）82106631（编辑室）（010）82106624（发行部）
（010）82109709（读者服务部）
网　　址 https://castp.caas.cn
经 销 者 各地新华书店
印 刷 者 北京建宏印刷有限公司
开　　本 170 mm × 240 mm 1/16
印　　张 6.75
字　　数 120 千字
版　　次 2024 年 9 月第 1 版 2024 年 9 月第 1 次印刷
定　　价 80.00 元

前言

花生是我国极具国际竞争力的优质优势油料作物，在保障国家油料供给安全方面意义重大。我国花生常年种植面积约 7 000 万亩（1 亩≈667 m^2，全书同），居世界第二位；产量约 1 700 万 t，居世界第一位。脱壳是花生产后加工和制种必不可少的关键环节。由于我国花生脱壳技术研究起步较晚且长期以来重视关键部件研究，忽视机理、农机农艺融合、技术集成的系统研究，致使脱壳机理不明，品种与设备融合较差，新材料应用、新部件创新进展缓慢，脱壳技术低水平重复现象严重，导致现有脱壳技术破损率高、适应性差的问题突出，破损的花生极易受黄曲霉菌侵染，严重影响花生及其制品品质。

本书立足我国国情和花生生产实际，根据“抓主抓重”原则，从国家花生产业技术体系综合试验站征集主要花生产区主推品种 29 个，并获取了其生物学特征、物理特性、机械力学特性及其变化规律。利用创制的试验台对 29 个花生品种进行脱壳试验，通过数据分析处理首次初步提出了适于机械化低损脱壳的品种特征，为适于低损脱壳的品种选育、推动农机农艺融合提供支撑。

（1）探明了与脱壳质量相关的生物学、物理特性、机械力学特性及其变化规律。本书从国家花生产业技术体系综合试验站征集属地主要品种 29 个，对花生果实构造、表型特征、含水率、饱满度、力学特性等进行测试，并对荚果和籽仁力学特性及变化规律进行了分析，结果表明：①不同品种荚果、籽仁压缩力学特性差异较大，且同一品种压缩力学特性均 Y 向压缩破损力最大，X 向最小；②大部分品种的荚果饱满度集中在 40%～55%，少数品种饱满度在 65%～70%；③花生各部分含水率均呈现出果壳＞荚果＞籽仁的规律，果壳、荚果、籽仁含水率分布区间分别为8.52%～11.09%、6.65%～9.33%、5.86%～7.56%；④荚果、籽仁各向力学特性随含水率增加不断上升，果壳含水率超过18%时，压缩破损力显著增加，此时难以脱壳，籽仁抗压缩力亦随含水率上升呈现增加趋势，籽仁含水率提升可有效降低破损，该结果为脱壳作业质量改善提供了思路；⑤荚果、籽仁第一裂纹平均位移均值分别为2.52 mm、1.90 mm；⑥获取了典型品种的摩擦系数、碰撞恢复系数、泊松比、弹性模量等；⑦构建了我国花生主要产区主要种植品种数据库，为低损脱壳部件设计研究提供了依据。

（2）首次初步提出了适于低损脱壳的品种特征。构建小型花生脱壳试验台，开展29个花生品种的脱壳试验，并采用相关分析、回归分析、聚类分析、判别分析等方法分别研究了破损率、脱净率与花生表型特征、力学特征及脱壳作业质量的相关性，构建了作业质量与花生主要特征的回归模型，建立了适于低损脱壳的品种判别函数。在以上研究的基础上初步提出了适于低损脱壳品种特征：荚果及籽仁球度大、整齐度高、荚果果壳破损力较小、籽仁破损力较大、荚果饱满度适中。该结果的提出为适于机械化低损脱壳的品种筛选、促进农机农艺融合提供了技术支撑。

全书以降低花生脱壳破损率、提升脱净率，全面提升脱壳质量为出发点，研究并获取了与脱壳质量相关的花生物料特征参数，并初步提出了适于机械化高质量脱壳的品种特征，为促进花生农机农艺融合水平、促进我国花生产业又好又快发展奠定了坚实基础。

著　者

2024年9月

目　录

第一章

导　语

农机农艺融合是提升农业机具作业质量的关键，二者相互融合、互相适应与促进是现代农业发展的内在要求和必然趋势，其融合水平不仅关系到关键环节机械化的突破，关系到先进、适用农业技术的推广普及应用，也影响农机化发展速度和质量（罗锡文，2011）。花生品种、脱壳技术装备的融合是从根源突破现有脱壳技术难题的重要抓手，是低损脱壳技术研究的重要内容，也是全面提升花生脱壳作业质量的关键。长期以来，适于机械化低损脱壳的花生品种特征研究较少，致使低损脱壳品种特征不明确，育种专家在选育适于机械化低损脱壳品种时缺乏方向，不仅影响了脱壳设备作业质量提升，而且将制约花生机械化生产的全面协调发展，威胁花生产业的健康发展。

为此，本书针对适于花生脱壳品种特征不明确的现状开展相关研究，提出适于机械化脱壳的品种选育目标和方向，以期为提升我国花生农机农艺融合水平，促进我国花生产业又好又快发展提供技术保障。

1.1 花生产业发展概况

1.1.1 全球花生产业概况

花生是重要的油料作物及优质的蛋白资源，是世界四大重要油料作物之一，在全球油料生产和贸易中的地位举足轻重（廖伯寿，2020）。花生富含功能蛋白、氨基酸、单不饱和脂肪酸、白藜芦醇、植物甾醇、叶酸和维生素 E，在改善身体机能和预防心脏病方面发挥着重要作用（Wang, 2012; Wang et al., 2012）。世界花生种植主要集中在北纬 35°～40° 的热带、亚热带、温带的亚洲、非洲和南美洲的一些欠发达国家（Bishiet al., 2013），据 2021 年联合国粮农组织（FAO）统计，全球花生种植面积为 49 081.44 万亩（1 亩 ≈ 667 m^2，全书同），相较于 2010 年的 39 216.92 万亩增长约 25.15%。另外，伴随着全球花生种植面积的增加，花生总产量也随之呈逐年递增的趋势。据联合国粮农组织（FAO）统计，2021 年全球花生总产量约为 5 392.69 万 t（FAO, 2021），相较于 2010 年的 4 354.99 万 t 增长约 23.83%。2010—2021 年全球花生产量、种植面积变化趋势如图 1-1 所示。

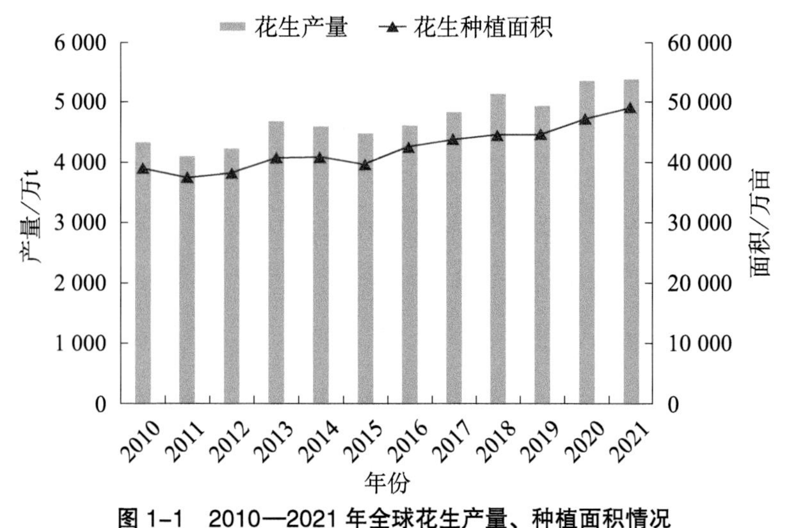

图 1-1　2010—2021 年全球花生产量、种植面积情况

Fig. 1-1　Global Peanut Production and Planting Area from 2010 to 2021

2021 年世界花生种植面积、产量前 10 位的国家如图 1-2 和图 1-3 所示，世界主要种植国花生平均产量和单产产量如图 1-4 所示，由图中可知印度、中国、尼日利亚、苏丹和塞内加尔是种植面积前 5 位的国家，而中国、印度、尼日利亚、美国和苏丹是花生总产量前 5 位的国家。发达国家除美国外鲜有花生规模化种植，且美国花生种植面积在全世界占比很小（Wang et al., 2022）。欧洲国家、韩国和日本等均有少量花生种植，但规

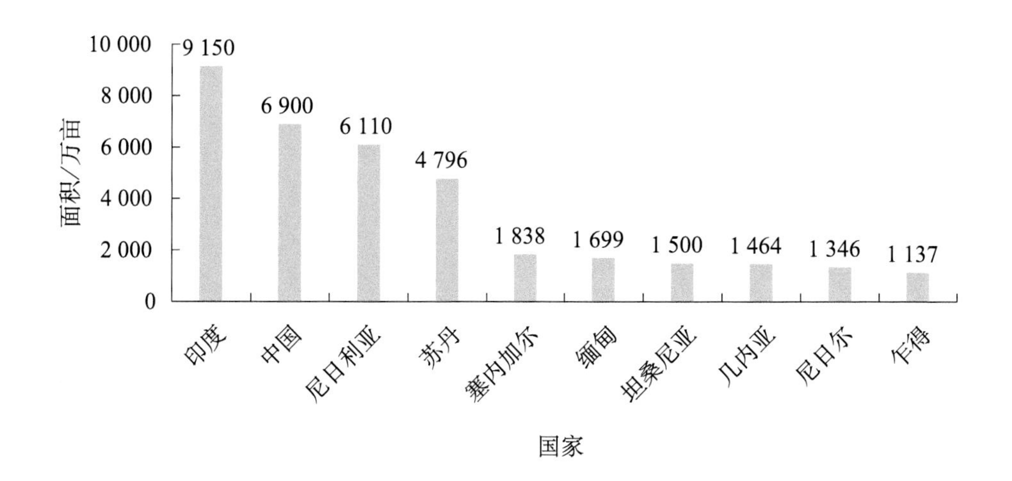

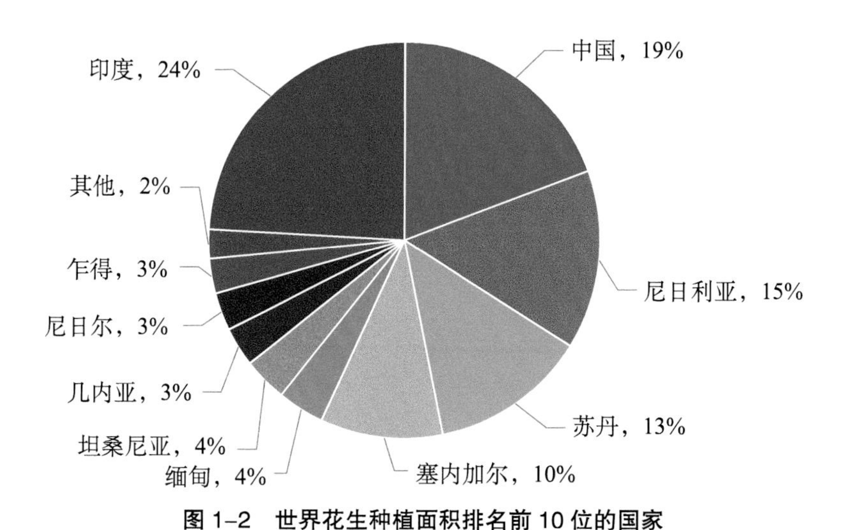

图 1-2　世界花生种植面积排名前 10 位的国家

Fig. 1-2　Top 10 countries in terms of peanut harvest area in the world

模化种植比重较小。从单产角度看，不同国家间的花生种植能力存在显著差异，全球花生主要生产国中仅有美国、中国和阿根廷单产超过世界平均水平。我国花生单产在科技的引领下近10年稳中有升，逐步逼近美国单产水平。

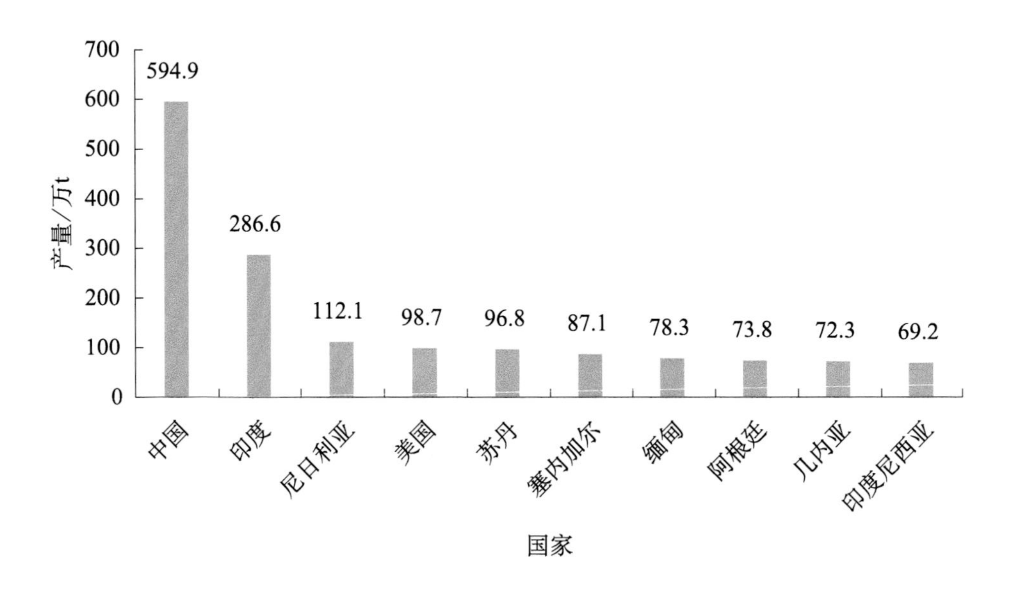

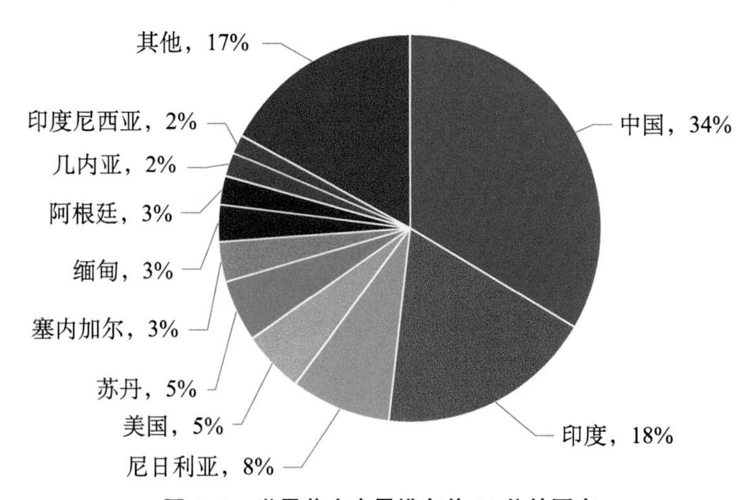

图 1-3　世界花生产量排名前 10 位的国家

Fig. 1-3　Top 10 countries in terms of peanut production in the world

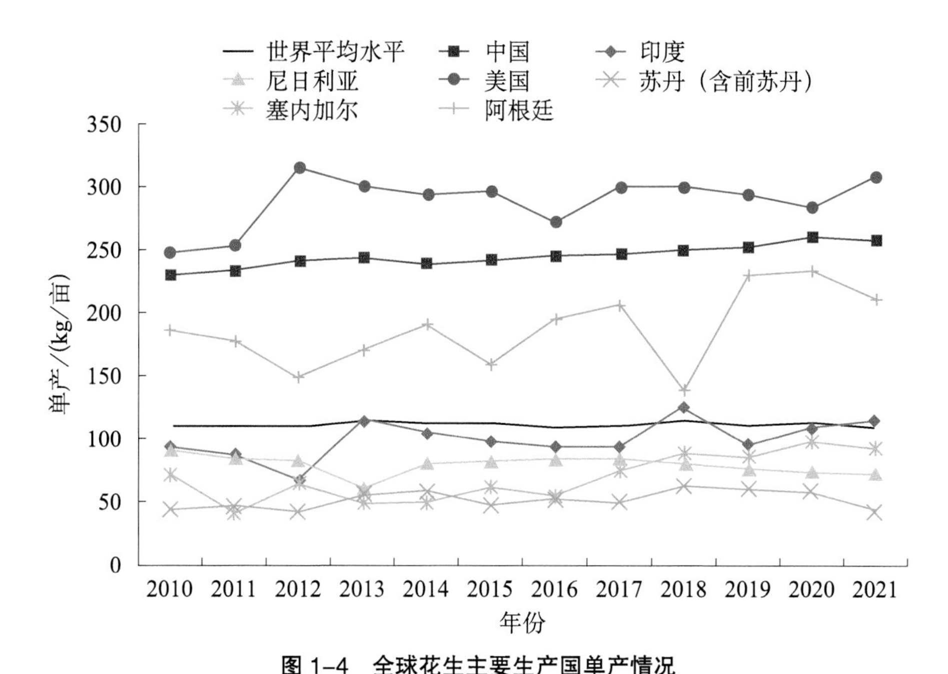

图 1-4 全球花生主要生产国单产情况

Fig. 1-4 Yield (per unit area) of major peanut producing countries in the world

1.1.2 我国花生产业概况

花生是我国极具国际竞争力的优势油料作物和优质的蛋白资源，在保障食用油供给安全方面地位举足轻重（王强，2014）。我国花生总种植面积常年稳定在 7 000 万亩左右，居世界第二位，总产量约 1 700 万 t（约占世界 42%），居世界第一位（Singh et al., 2020）。花生在我国种植历史悠久、种植地域较广，全国除青海省、宁夏回族自治区两地外均有规模化的种植（王冰，2018）。据最新数据统计，2021 年花生种植面积 7 096 万亩、产量 1 799 万 t。我国花生产业在世界花生产业发展中，发挥着重要的引领和主导作用（冯诗博等，2023）。2021 年我国花生种植面积前 10 位、产量前 10 位的省份如图 1-5 和图 1-6 所示。

长期以来，我国食用油自给率约为 30%，食用油对外依存度较高（冯诗博等，2023；胡增民，2023）。近年来，受国际贸易摩擦加剧及新冠疫情的双重影响，致使进口不确定性增大，食用油供给安全形势严峻，给国家粮油

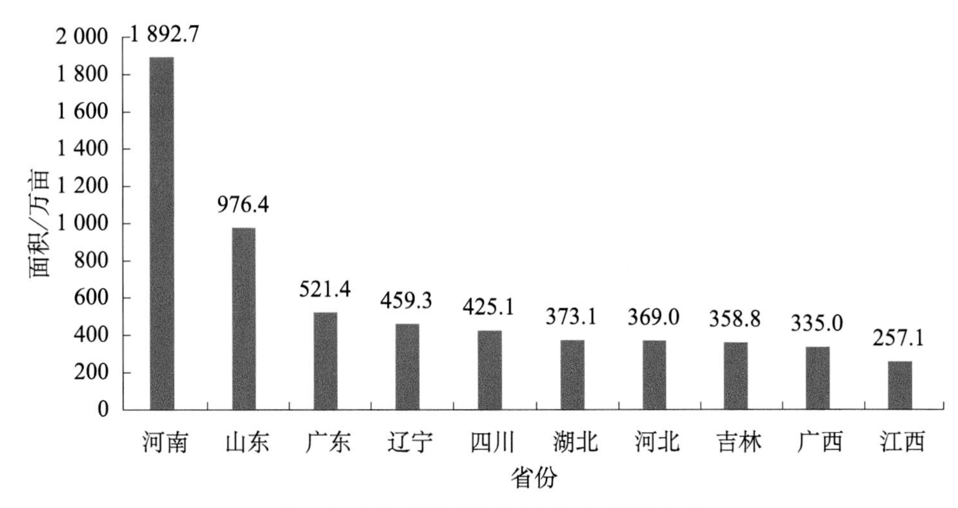

图 1-5　我国花生种植面积前 10 位的省份

Fig. 1-5　Top 10 Peanut planting provinces in China

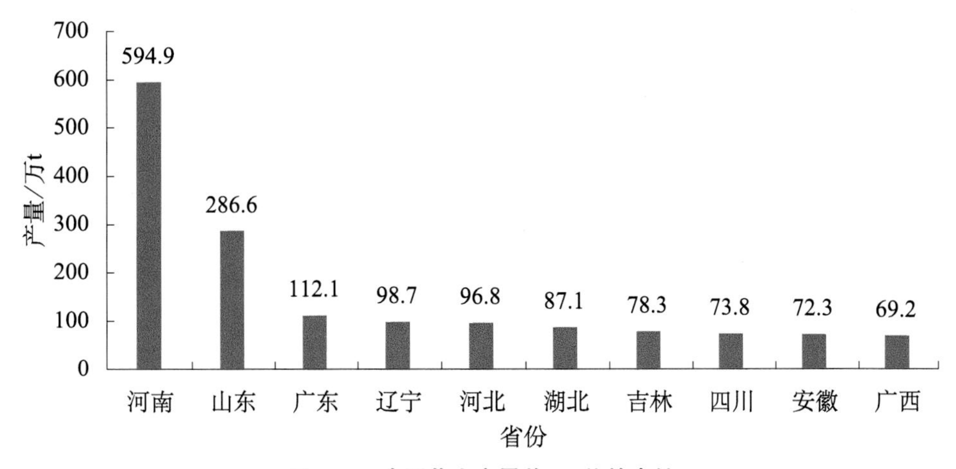

图 1-6　我国花生产量前 10 位的省份

Fig. 1-6　Top 10 Peanut production provinces in China

安全带来一定的挑战。花生作为食用油的重要原料，其产业化发展对保证我国食用植物油脂和饲用蛋白质有效供给、改善食物结构、促进养殖业发展等方面均有重要影响（周曙东等，2022；万书波，2003）。2021 年 12 月 25—26 日，习近平总书记在中央农村工作会议上强调，“扩种大豆和油料，见到可考核的成效”。花生作为重要的油料作物，产业发展潜力巨大，种植面积有望进一步增加，产业规模有望进一步扩大。

国内花生产业的快速发展、规模的进一步扩大依赖于机械化生产各环节的水平提升（胡炼等，2022）。花生脱壳是花生机械化生产的重要环节，是花生从初级物料到食品必不可少的关键环节，是花生从田间到餐桌的重要的机械化生产步骤，提高脱壳技术水平是降低损失、减少损耗，落实国家“减损”战略的重要技术保障，脱壳设备作业质量直接影响花生原料及其制品品质，是食品安全的重要保障（Lu et al., 2019; Iqbal et al., 2019; Muhammad, 2021）。

1.2 花生高质量脱壳的重要意义

花生脱壳是将花生荚果籽仁脱出，并实现籽仁、果壳分离的技术，是花生初加工的重要环节（陆荣等，2020）。我国花生加工以榨油（约占 47%）、食品加工为主（约占 40%），部分用做种子（占 8%～10%），其他用途占比较少（占 3%～5%）（王瑞元等，2020；刘学平等，2022），见图 1-7。花生不管是榨油、食用，还是用作种子，必须脱壳以获得花生籽仁。

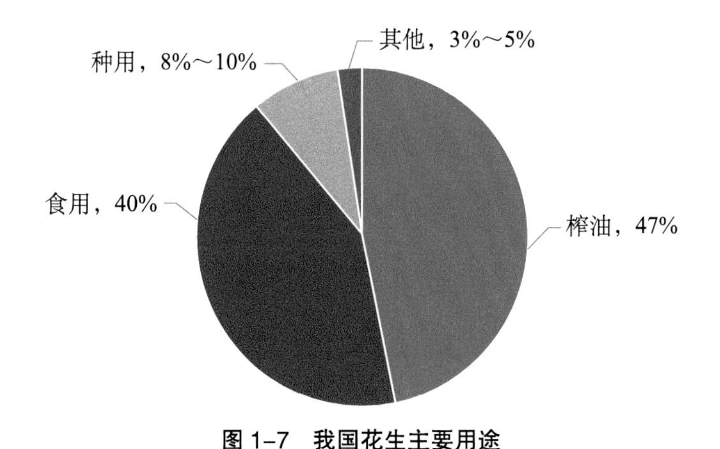

图 1-7 我国花生主要用途

Fig. 1-7 Main uses of peanuts in China

当前，花生脱壳机械虽已在我国应用推广，但机械脱壳损伤率高的难题一直未得到较好的解决，花生脱壳设备作业性能水平仍停留在 20 世纪 90 年代，作业机理不明，新技术、新材料应用较少，各生产厂家存在相互模仿、低水平重复的问题较为突出，作业质量未得到明显提升，脱壳作业的破损率从 5% 到 30% 不等，花生脱壳降损问题成为世界花生产业普遍关注的难题之一（陆荣，2020）。花生脱壳的直观可见的籽仁破碎、破损问题造成了花生籽仁易失油、失油后易粘尘，使原料品质下降、价格降低，碎仁价格降低 2/3～3/4，甚至更低（Davis et al., 2016）。危害更大的是，破碎、损伤的花生籽仁由于缺乏红衣的保护更易受病菌，尤其是黄曲霉菌的侵染，一旦受污染的破碎籽仁、损伤籽仁与完好籽仁混杂在一起，将会加快完好籽仁被黄曲霉毒素侵染的速度，从而对花生及其制品的食品安全造成极大威胁，对花生进一步精深加工危害较大（Liu, 2011; Deng, 2014）。此外，花生脱壳造成的暗伤或隐性裂纹难以被肉眼发现，严重影响种子发芽率（崔凤高等，2015；栾玉娜等，2013；姜慧芳等，2006；梁炫强等，2003），对产量造成较大影响。因此，花生脱壳技术装备水平直接决定原料的品质，事关花生食品安全及产业发展。

为此，本书聚焦花生低损脱壳机理解析及关键技术装备优化，以期探明花生低损伤脱壳机理，提升花生脱壳技术装备水平，为实现花生产业健康、快速发展，保障我国食用油供给安全，深入落实国家“减损”战略提供技术支撑。

第二章

国内外花生脱壳技术研究概况

花生脱壳是花生产后加工的关键环节，相关装备的作业质量直接影响花生及其制品品质，花生机械化脱壳的籽仁损伤问题，是长期以来备受关注但仍未得到较好解决的难题。本章对国内外花生脱壳技术发展现状进行梳理，为适于机械化脱壳的品种选育、装备研发提供借鉴和参考。

2.1 美国花生脱壳技术及研发现状

美国是发达国家中为数不多的花生规模化种植国家之一（Fletcher et al., 2016）。美国人每年食用超过 91 万 t 的花生，其花生主要被制作成花生酱，约占国内花生消费总量的 57%（Mallikarjuna et al., 2014; Archer, 2016），其次是零食花生，包括带壳花生（23%）、花生糖（19%）和其他用途加配料（1%）（Stalker et al., 2016）。花生脱壳技术为其国内花生食品消费和食品安全提供了重要支撑。

2.1.1 美国花生生产概况

纵观全球花生机械化生产水平，美国是世界花生第四大生产国（Kline, 2016），出口占其产量的 25%～30%（Davis et al., 2016）。美国在花生脱壳技术方面研究较早，其脱壳技术装备保障了花生及其制品的品质，为美国花生产业作出了较大贡献。印度、尼日利亚、塞内加尔等花生生产大国机械化水平较低，在花生脱壳技术装备方面自主创新能力较差、装备水平亦较为落后（Rostami et al., 2009）。因此，本书主要对美国花生机械化生产现状进行跟踪研究，以期为提升我国花生脱壳技术水平提供借鉴和指导。

美国花生主要种植在美国南部的 13 个州，按种植面积分布依次为：佐治亚州、阿拉巴马州、佛罗里达州、得克萨斯州、北卡罗来纳州、南卡罗来纳州（Wang et al., 2022），其面积占比分别为 55%、11%、10%、9%、5%、4%，在密西西比州、弗吉尼亚州、俄克拉荷马州、阿肯萨斯州、新墨西哥州、路易斯安那州和密苏里州有少量种植（陈志德等，2014），这些州总种植面积约占 6%。在以上主要种植区域中约有 7 000 名花生种植户（陈明，2019），其种植面积占比见图 2-1。

美国花生品种分为 4 种基本类型：Runner 型、Virginia 型、Spanish 型和

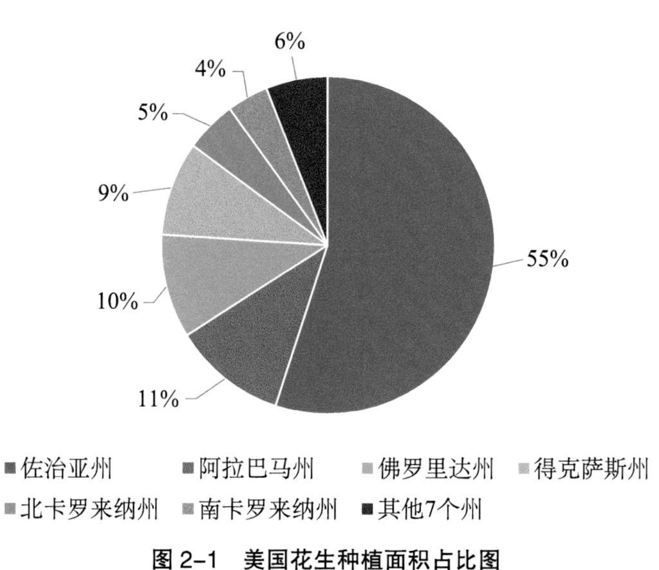

图 2-1　美国花生种植面积占比图

Fig. 2-1　Distribution map of peanut planting areas in the United States

Valencia 型（图 2-2），每个基本类型的花生尺寸差异较大，且有不同的加工用途和食用价值（Wright et al., 2017）。其中 Runner 型花生产量在美国占主导地位，占据了美国花生总产的 85% 以上，主要用于制作花生酱；Virginia 型花生因其籽粒较大，通常被用作烘烤花生、咸味花生和五香花生原料，其产量占美国花生总产的 10%；Spanish 型籽粒较小，且种皮呈红褐色，所以通常被用作制作花生糖果，部分被用作咸味花生和花生酱，其产量约占美国总产的 2%；Valencia 型花生荚果通常包含 3 个以上的籽仁，口感香甜，通常被作为烘烤或水煮花生，其产量约占美国总产的 1%（Ahmed et al., 1982）。

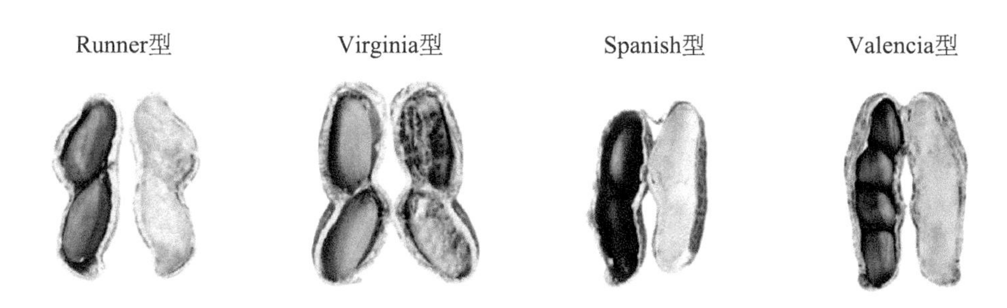

图 2-2　美国花生基本类型

Fig. 2-2　Types of peanuts in the United States

美国花生育种和机械化生产各个环节高度融合，在育种时不仅考虑品种的用途，并且在品种培育和推广时系统考虑机械化生产的各个环节，不适于机械化生产的品种将一票否决，不许进入生产（Launio et al., 2018），是否适于机械化脱壳也是其品种选育的重要考量指标之一。因此，美国花生脱壳技术与其品种特征融合较好，相关设备满足其花生脱壳需求。

2.1.2 美国花生机械化脱壳装备研究概况

美国花生脱壳技术研究最早见于 1908 年由美国专利局公开的一项专利，E.M.Raby 发明了一种人力花生脱壳装置，该脱壳装置通过手柄驱动链板对花生进行挤压脱壳，并通过风机对脱出的花生籽仁与果壳混合物进行分离（Launio et al., 2018），其结构见图 2-3。

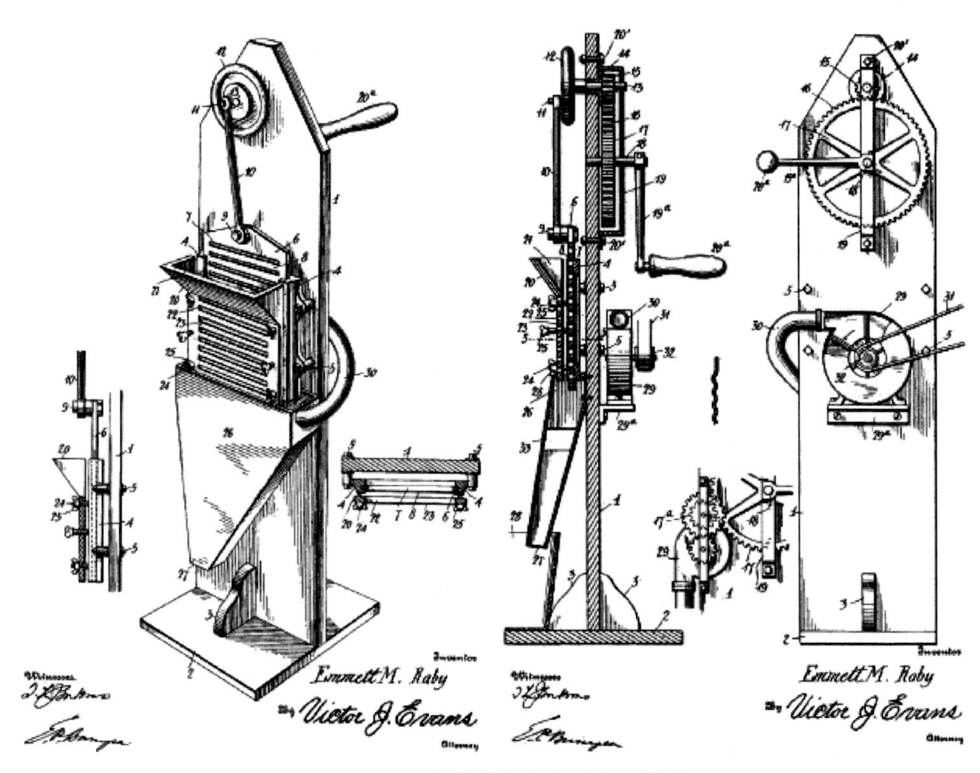

图 2-3 美国早期花生脱壳机专利简图

Fig. 2-3 Patent diagram of early peanut sheller in the United States

20 世纪中期，随着美国工业化进程的不断加速及花生种植面积的不断增加，各种技术逐渐应用到花生机械化生产装备的改进，有效带动了农业生产的进步，拖拉机、电动机等动力源逐渐代替人力，与各种动力配套的花生脱壳设备不断涌现，大大提升了脱壳效率，推动花生产业快速发展。图 2-4a 至图 2-4c 为木头和铁架组装制造的与其他动力相匹配的花生脱壳机，图 2-4d 为早期花生脱壳机的脱壳关键部件。

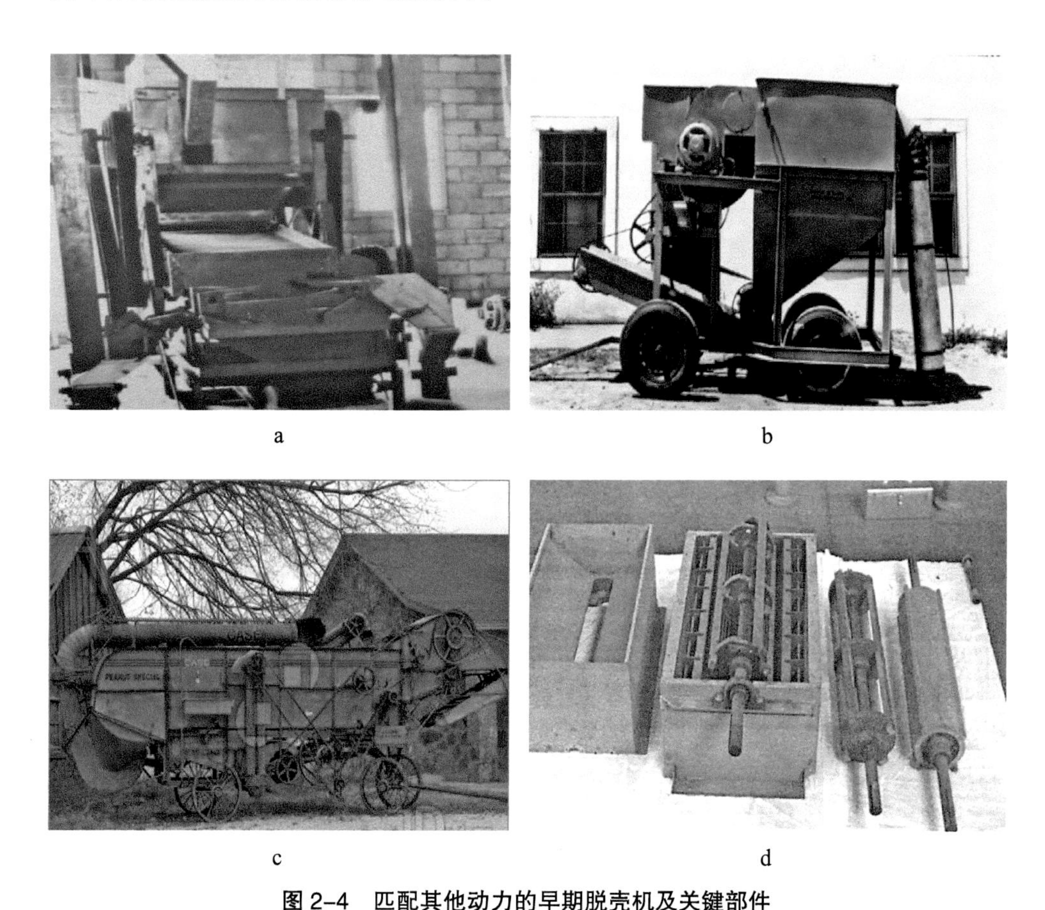

a　b　c　d

图 2-4　匹配其他动力的早期脱壳机及关键部件

Fig. 2-4　Early sheller and key components matched with other power sources

目前，美国花生脱壳技术装备以 LMC 公司的系列化产品为主，其产品约占美国脱壳设备 90% 的份额（陆荣等，2019），其关键部件如图 2-5、图 2-6 所示，LMC 3480 型花生脱壳设备如图 2-7 所示，所采用的脱壳原理以打击揉搓式脱壳技术原理为主。美国现有的脱壳技术是农机农艺高度融合下的产物，在收获后干燥、仓储等都考虑到机械化脱壳的问题，通常在脱壳前根据花生的最终用途确定脱壳方法及设备参数配置。

图 2–5　花生预破壳机

Fig. 2–5　Peanut pre cracking machine

图 2–6　花生脱壳主机

Fig. 2–6　Main parts of peanut shelling machine

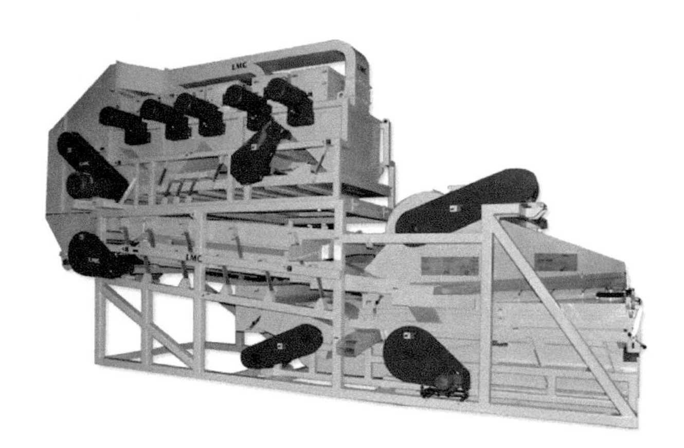

图 2–7　LMC 3480 型花生脱壳设备

Fig. 2–7　LMC 3480 Peanut Shelling Equipment

随着美国花生机械化生产技术的不断进步，脱壳技术也取得了较大突破，并逐渐向工厂化、专业化方向发展，形成了较为完备、成熟的工艺流程（Dowell, 1996），脱壳作业也由之前的单一脱壳工序不断拓展至可一次完成清选、分级、脱壳、分级、破碎种子分选和包装等一系列工序的成套脱壳技术，设备自动化程度也不断提高。图 2–8 为美国花生工厂脱壳工艺流程图，由工艺流程图可以看出脱壳前首先对花生荚果进行清选作业，去除石头、土壤、藤蔓碎片和其他异物，清洁后的荚果通过分级设备进行分级后，根据分级的尺寸输送至不同的脱壳单元进行脱壳，脱壳后的花生通过风选机组实现籽仁、果壳分离，分离后的籽仁、未脱荚果的混合物经过比重机后实现未脱荚果、籽仁的分离，未脱荚果可根据需要进行复脱，选出符合要求的籽仁按照尺寸分级、包装。据相关文献报道，在 20 世纪 50 年代美国已经拥有脱壳加工厂 120 多家，并大多数集中在佐治亚州，为美国花生产业的快速发展提供了强力支撑（Reddi, 1966）。图 2-9 为美国花生脱壳工厂内部生产线及相关设备，图 2-10 为脱壳工厂室外除尘设备及籽仁储藏车间。

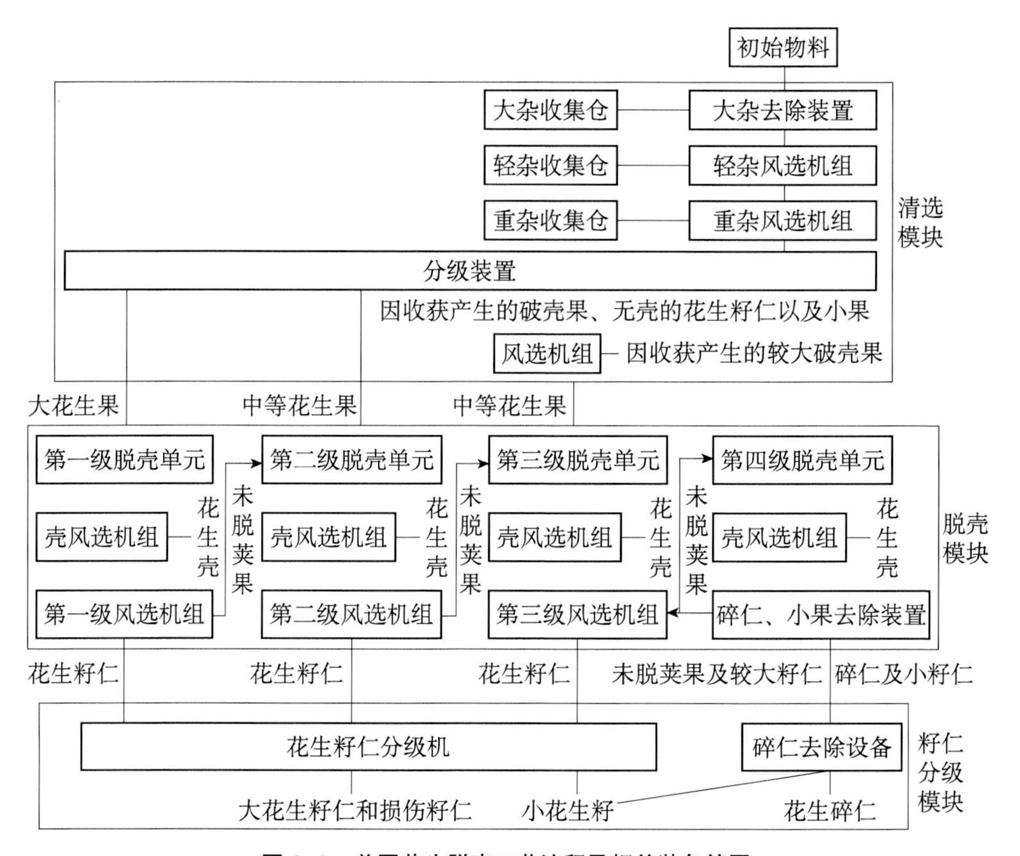

图 2-8　美国花生脱壳工艺流程及相关装备简图

Fig. 2-8　Diagram of peanut shelling process and related equipment in the United States

图 2-9　花生脱壳工厂系列设备

Fig. 2-9　Series equipment in peanut shelling factory

图 2-10　脱壳工厂除尘设备及籽仁储藏车间

Fig. 2-10　Dust removal equipment and seed storage workshop in the shelling factory

2.1.3　低损脱壳技术研究概况

美国花生脱壳技术装备的不断进步不仅得益于工业技术在农业方面的不断应用和推广，而且更受益于大量学者围绕美国花生的品种类型开展的大量的脱壳机理研究，相关研究为降低脱壳损伤、提升食用花生脱壳作业质量方面发挥了重要作用，为关键部件改进、整机性能优化提升提供了理论支撑，满足了美国本土花生品种的加工需求。

美国农业部花生研究室 Butts 等（2016）对生产率 1 t/h 的花生脱壳机作业性能进行了研究与评价，通过试验得出了脱壳初级滚筒的最优转速以及清选阶段的最佳气流速度，为美国当地花生品种脱壳提供了适宜的参数；Lamb

等（2005）以 Runner 和 Spanish 花生品种为研究对象，研究分级与脱壳破损率的关系，研究表明仅通过荚果尺寸分级不能较好的区分种仁的大小级别，需综合应用尺寸分级和重力分级结合的复合分级法，可较大程度提高脱壳作业生产率、减少脱壳损伤；Davis 等（1961）研究了花生荚果温度与脱壳作业质量的关系，利用脱壳设备分别对温度为 2℃、18℃的花生荚果进行脱壳，得出花生荚果在 18℃下脱壳损伤小于 2℃下脱壳损伤，为花生低损伤脱壳提供了有效借鉴。Davidson 等（1978）、Mcintosh 等（1971）研究了花生荚果含水率及人工调湿对花生脱壳质量的影响，得出花生籽仁含水率低于 7% 时，机械损伤加剧；当籽仁含水率高于 7% 时，花生在收获和运输等环节所受的冲击程度、干燥速率对花生脱壳机械损伤影响不同：冲击越大、干燥越快，脱壳损伤有增大趋势，正常干燥的花生荚果脱壳损伤率最低。

此外，还有部分学者开展了花生脱壳与收获设备组合的一体化技术研究，并开展了相关的试验研究，为花生脱壳设备的改进提供了新的思路。图 2-11 为花生收获脱壳一体机的田间试验样机，但该设备未见广泛的推广。近年来，美国部分学者还开展了小型花生脱壳机的试验及试制工作，以满足不同花生脱壳需求，图 2-12 为小型花生脱壳机样机照片及关键部件结构原理图（Butts et al., 2016）。

图 2-11　花生收获脱壳一体机

Fig. 2-11　Integrated peanut harvesting and shelling machine

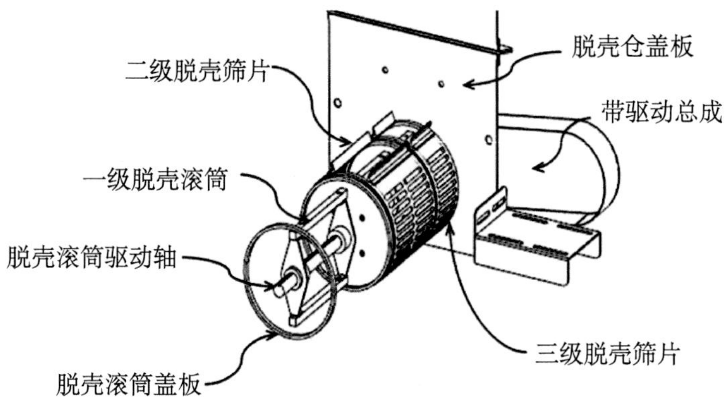

图 2-12 小型花生脱壳设备及关键部件原理图

Fig. 2-12 Diagram of small peanut sheller and key components

2.1.4 美国花生脱壳社会化服务体系

美国花生脱壳技术及装备的进步是美国农业高水平发展的结果，不仅是相关科研人员、设备制造企业长期努力的结果，更得益于美国发达的花生脱壳社会化服务体系，比如美国花生脱壳协会（American Peanut Sheller Association，APSA）、美国花生联合会（United States Peanut Federation，USPF）、美国花生购买点协会（National Peanut Buying Points Association，NPBPS）等一系列的社会化组织，这些组织与国内、国际市场紧密接轨，并提供农业产前、产中、产后的全面、系统、一体化的服务，如产前的生产资料供应（种子、化肥、农药、薄膜等）、产中的耕种技术、栽培技术、病虫害防治技术等技术服务以及产后销售、运输、加工服务。美国花生脱壳协会是一个非营利性贸易协会，由位于阿拉巴马州、佛罗里达州和佐治亚州的商业花生脱壳厂商组成。该协会成立于1919年4月5日，是花生行业最古老的组织团体，该协会积极跟踪花生市场动态并提出技术创新的方向，并呼吁政府制定相关配套政策，以通过科研人员、设备制造企业、技术推广体系联动，共同促进脱壳设备质量改进和作业性能提升。美国国家花生购买点协会代表了美国250多个花生购买点，这些购买点负责签订合同、接收、称重、清洁、干燥、检查、分级和准备花生以备储存和后期脱壳，所有美国生产的花生都必须在注册的花生购买点接受联邦国家检验局的质量检验。这些社会化服务体系，为美国花生脱壳技术进步、籽仁的质量标准化提供了强有力的保障（Archer, 2016）。

综上对美国花生脱壳技术、装备及生产技术体系研究表明，其脱壳技术呈现出高度的专业化、规模化、高效化的生产特征，在脱壳技术及装备研究及改进方面采用全面的、系统化、全产业链的思维模式，从品种选育开始就以是否适于机械化作为考量指标，在脱壳过程中也会根据不同品种类型、不同加工用途进行单机设备参数调节，以达到最优作业指标。

2.2 其他主产国技术现状

印度、尼日利亚均有悠久的花生种植历史，在世界花生产业发展中地位举足轻重，其花生脱壳加工技术分别介绍如下。

2.2.1 印度花生脱壳加工技术概况

印度是世界上花生种植面积最大的国家，常年种植面积约1亿亩，

1984 年以前印度花生总产居世界第一位，2021 年印度花生产量约为 1 000 万 t，约占世界总产的 18%，仅次于我国，也是世界主要的花生出口国。但印度花生生产技术水平较低，单产在很长时间未取得突破，花生加工技术水平低，部分脱壳加工技术装备从我国引进，与当地品种适应性较差，致使破损严重，黄曲霉菌侵染较为严重，出口的籽仁常被检出黄曲霉菌超标（Paramawati et al., 2016），脱壳技术难以满足本国多品种的花生高质量脱壳作业要求。

2.2.2 尼日利亚花生脱壳技术概况

尼日利亚是非洲第一大花生生产国，花生产量将近 390 万 t，占到非洲的 30% 左右，位居世界第三。在尼日利亚全国 36 个州以及阿布贾联邦首都区范围内，共有 22 个州和区种植花生，种植面积 780 319 hm^2。2000—2004 年花生总产量基本维持在 57 万～83 万 t，其中 88% 的产量来自卡诺、中北部、西北部、东北部地区（Verter, 2017）。

1960—1970 年，尼日利亚是一个以农业为主的国家，其花生主要种植在干旱地区，花生生产在该国农产品中贸易中处于世界领先地位。20 世纪 70 年代后期，尼日利亚经济发展转向石油工业，石油工业及相关产业的振兴导致其花生产业渐被忽视，加工技术装备落后，尤其是脱壳技术难以满足作业要求，作业损失较大，损伤后的花生贮藏更易滋生黄曲霉菌，对花生品质造成严重影响，叠加贮存条件等因素，致使花生原料酸价和黄曲霉素含量超标等，无法达到出口标准，产业损失较大。90 年代以来，尼日利亚政府为重振农业，农业采取了一系列扶持措施，但由于种植技术、储藏条件、加工能力等客观因素限制，花生产量增长缓慢，特别是由于当地电力供应不足、花生产量较低、花生种植区交通不便等原因，尼日利亚花生加工企业开工严重不足，加工技术水平落后，无法满足迅速增加的人口和日益扩大的消费市场，进出口贸易急剧减少，远远落后于中国、印度、美国、阿根廷等国家（Faleye et al., 2014）。图 2-13 为尼日利亚日常花生脱壳现场。

图 2–13 尼日利亚花生脱壳现场
Fig. 2–13 Current situation of peanut shelling in Nigeria

2.3 我国花生脱壳技术及研发现状

2.3.1 我国花生脱壳装备发展现状

据相关文献报道，我国花生脱壳技术起步于 20 世纪 60 年代，文献报道较早的花生脱壳机为湖北省孝感市花园农具厂研制的回转式人力花生脱壳机，其脱壳关键部件采用脱壳辊齿和编织凹板筛组配，通过脱壳辊齿和凹板筛对荚果挤压揉搓实现脱壳，该设备带有简易的清选功能将花生果壳吹出机外，作业效率为 300 kg/h（按荚果计），但作业质量较差，破碎严重，样机模型见图 2–14。该类型花生脱壳机由于能降低劳动强度，在较长一段时间成为油用花生脱壳的主要设备类型被推广应用（佚名，1958）。

随着花生种植效益的不断提升，农民花生种植积极性不断提高，市场对花生脱壳技术需求也日趋迫切，各种简易的小型脱壳装置不断面世，大大提高了脱壳效率。图 2–15 为小型花生脱壳机，该设备由机架、风机、脱壳滚筒、凹板筛等构成，为降低制造成本，该类设备通常采用扁铁打杆、编织筛组配脱壳，并具有简易清选功能，但脱壳后未脱花生荚果及籽仁混杂在一起，需要进一步处理，作业简单粗放，设备作业质量较差，破损率通常在 20%

以上，部分品种破损更高，但设备价格低廉、生产效率通常 200～500 kg/h 不等。

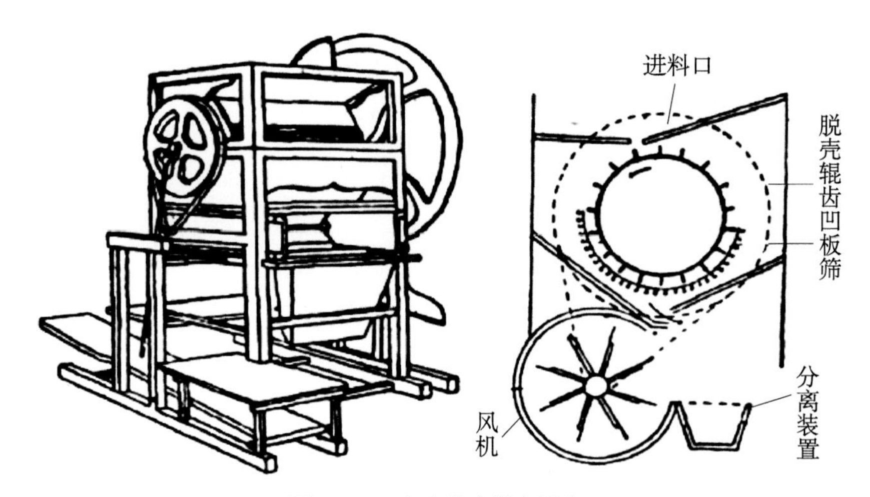

图 2-14 人力花生脱壳设备

Fig. 2-14 Human power peanut sheller

图 2-15 小型花生脱壳机

Fig. 2-15 Small peanut shellers

20 世纪 60 年代，国家原八机部也组织了花生脱壳机的技术攻关课题。在市场需求和相关科研项目的双重驱动下，高校、科研院所、花生脱壳机生产厂家纷纷投入相关研发，在一定程度上促进了花生脱壳技术的进步，各种类型花生脱壳机不断涌现。脱壳设备由原来单一的脱壳拓展为可实现脱壳、清选、籽仁荚果分离的作业设备。相关设备见图 2-16。

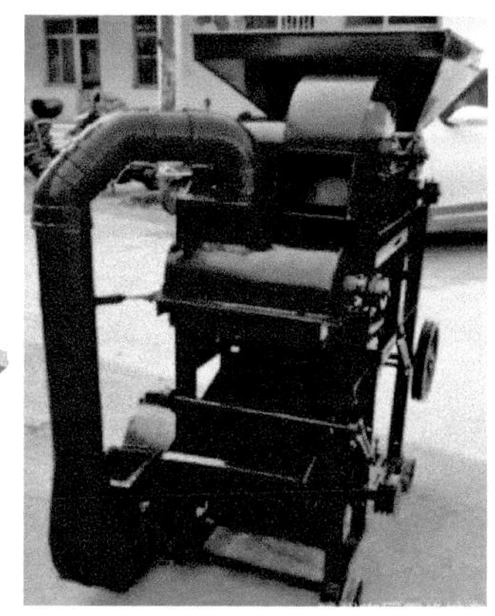

图 2-16 花生脱壳清选一体机

Fig. 2-16 Integrated machine for peanut shelling and cleaning

随着我国花生产量及种植规模的不断攀升，花生脱壳加工对大型、高效的脱壳技术需求增加，可一次完成花生物料提升、去石、脱壳、去杂、物料分选等多功能花生脱壳机组应运而生。图 2-17 为大型花生脱壳机组，该脱壳机组通常由去石机、脱壳机组合而成，可完成花生荚果重杂清除、脱壳作业，并可根据生产实际需求选配，生产率 1～10 t/h 不等，匹配功率通常为 5～50 kW，作业时关键部件转速较高，破损率较高。

图 2-17 花生脱壳机组

Fig. 2-17 Peanut shelling unit

2.3.2 我国花生脱壳技术研究现状

长期以来，受农业发展重点方向及科研经费投入的双重制约，国家科研经费主要用在保主粮作物生产方面，花生等经济作物初加工技术装备未引起国家层面重视，花生相关的科研课题主要集中在育种方面，在花生机械化生产领域研究人员和经费投入较少。直到 1965 年，国家原八机部根据产业发展需求部署了花生脱壳技术装备研发相关课题，相关研究才被提上国家层面，从而推动了花生脱壳技术进步。

我国有关花生脱壳技术的研究最早见于 20 世纪 70 年代有关学者对国外花生脱壳研究文献的翻译，译稿为我国花生脱壳技术研究提供了思路和方法借鉴。在 20 世纪 90 年代，莱阳农学院张嘉玉等（1995）开展了一种橡胶双滚筒的花生脱壳设备研究，获取了合适的滚筒直径、间距，并提出应在破碎率较小的情况下选择最小滚筒间距以提高花生脱壳效率，总结得出滚筒线速度差是生产率、破损率和脱净率的直接影响因素，并在随后的研究中对橡胶滚筒、橡胶直板脱壳装置进行研究，提出滚筒线速度是作业质量的直接影响因素，为降低破碎，脱壳速度应不大于 4 m/s，并且增加橡胶花纹和含水率可提高脱壳能力；莱阳农学院张效鹏等（1990）以 5HT-1200B、5HT-570 型花生脱壳机为研究对象，开展了不同部件对脱壳性能的影响，提出了不同条件下的最优参数组合，并得出 5HT-570 型花生脱壳设备作业质量较优。

王延耀等（1998）开展了花生气爆式脱壳试验研究，利用花生壳的透气特性，将花生荚果置于在密闭容器中加高压并保持一段时间，待果壳内外压力达到预设值后突然释压，使荚果在释压瞬间产生爆裂、籽仁脱出，试验获取了最佳充气压力及维持时间，该方法虽然脱壳破损率低，但脱净率仅达 30%，需进行机械二次脱壳。

“十五”期间，越来越多的高校、科研院所开展花生低损脱壳技术研究，沈阳农业大学高连兴等（2016）为改进脱壳质量，利用电子拉压试验机在不同含水率下，研究了加载速率、部位对花生力学特性的影响规律，提出小型三级回转、单排三滚筒并列脱壳机方案，进行滚筒、旋转打板、传动系统的设计，以损伤率和脱净率为指标，获取小区育种脱壳设备最优参数，为脱壳设备研发提供了参考依据。

王京等（2016）利用万能试验机研究了典型花生品种籽仁静压力学特性，

进行了籽仁静压力学特性试验，分析了不同含水率、不同受力方式下各花生品种籽仁的破损形式、破损力、变形量及压缩功的变化情况，利用有限元方法对内部应力和应变情况进行了分析，为花生种子脱壳关键机构研发提供了参考依据。

兰孝峰等（2017）通过设计一种小型螺旋式花生脱壳装置，并以调湿比例、打杆转速、栅条与打杆间距为影响因素对四粒红花生品种、大白沙花生品种进行了正交试验验证，得出了花生脱壳最优作业参数，为花生脱壳机作业质量提升提供了参考依据。

吕小莲等（2013）开展了花生籽粒几何尺寸及物理特性研究，探明了白沙、鲁花、四粒红等品种的几何尺寸及分布规律，并研究了尺寸分布规律与脱壳破损之间的关系，为花生种子脱壳设备关键部件设计提供了参考依据。

王建楠等（2018）开展了滚筒凹板筛式花生脱壳机关键部件试验研究，通过单因素试验及相关参数优化，对运动参数进行优化改进，在一定程度上提升了脱壳作业质量，改进了脱壳设备性能。

2.3.3 我国花生脱壳技术特点及存在问题

2.3.3.1 脱壳设备主要结构型式

系统梳理我国花生脱壳技术装备，根据脱壳原理及滚筒凹板筛组配型式，花生脱壳技术装备主要分为以下几种：①滚筒凹板筛式花生脱壳机；②滚筒橡胶直板式花生脱壳机；③浮动平搓式花生脱壳机；④磨盘式花生脱壳机，其结构简图见图 2-18。

分析以上四种结构原理，滚筒橡胶直板式、浮动平搓式脱壳机，由于其作业基于薄层物料，尤其是浮动平搓式脱壳设备通常需要反复揉搓才能实现脱壳，生产效率较低，相关产品市场较为少见；磨盘式花生脱壳机生产中见于江西部分脱壳农户作业车间，目前市场上虽有该种类型的脱壳设备，但多见于形状尺寸相对较规则的薏苡等物料脱壳。市场上常见的花生脱壳机是以打击揉搓作业原理的滚筒凹板筛式花生脱壳机，市场大多数的脱壳设备基于

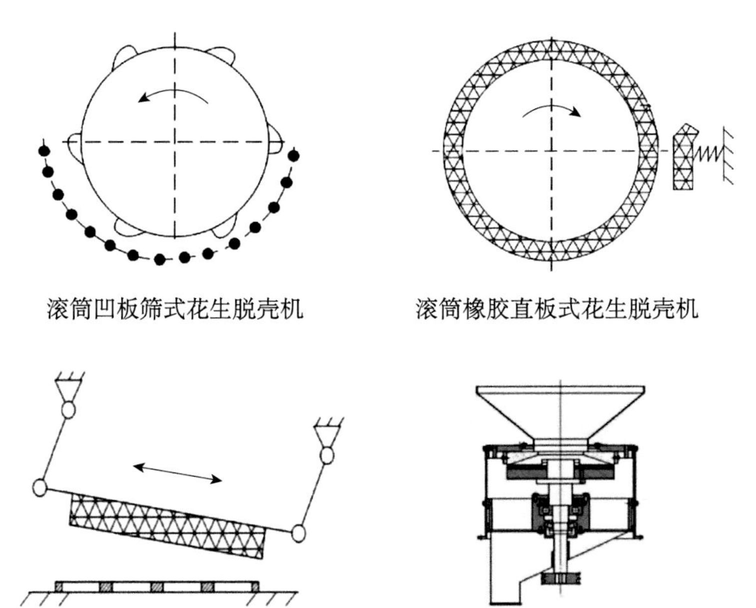

图 2-18　不同原理花生脱壳设备关键部件简图

Fig. 2-18　Diagram of key components of peanut sheller with different principles

该原理生产，产品差异主要在滚筒的结构型式、滚筒凹板筛的组配方式以及其他关键参数方面。

2.3.3.2　存在的主要问题

与大宗农作物机械化生产技术相比，花生脱壳技术研究起步晚、相关基础理论薄弱。现有技术设备主要以打击揉搓脱壳设备为主，相关技术仍存在以下问题。

（1）农机农艺融合水平低，相关研究处于初级阶段

美国花生生产要求农机农艺高水平融合，是否适于机械化生产是品种选育及推广的重要考量指标之一，不适宜机械化脱壳的品种在选育和推广过程中将被否决，该标准为花生高质量脱壳打下了坚实的基础。叠加美国对农机装备作业质量的要求相对比较粗放，农机装备只要能大幅提高生产率、减少劳动力使用，便可在实际生产中应用推广。因此，其脱壳技术可满足国内品种的脱壳技术需求。

与美国相比，我国花生育种长期以高产为主要目标，以该目标为指引，我国花生平均亩产已处于世界先进水平。近年，育种专家又将目标转向高油酸、高产方向，在适于机械化生产方面与美国相比相对较少（王传堂等，2018）。近年，国家花生产业技术体系将农机农艺融合提升到产业发展的战略高度，将适于机械化生产的花生品种作为重要研究内容之一。体系内专家积极互动，花生机械化生产农机农艺融合水平逐步提升，但相关研究处于初级阶段（王传堂等，2019；万书波等，2013），适于机械化低损脱壳的品种特性仍需进一步明确。

近年来，国内虽有少数企业不惜重金引入美国脱壳设备核心部分或主机，但相关参数难以与我国花生品种相适应，破碎、损伤严重，作业质量较差，设备处于停用状态。因此，解决我国花生脱壳问题，仍需依靠我国科研机构自主创新。

（2）低损脱壳作业机理不明，理论基础薄弱

脱壳过程需要关键部件与荚果、籽仁相互作用，是个复杂的力学、运动学过程。现有相关文献中涉及花生脱壳技术研究相关文献仍以试验验证、参数优化为主，在花生荚果、籽仁物理特性，荚果、籽仁物理特性变化影响因素及其变化规律，花生农艺性状，作业过程中物料运动状态、受力情况、脱壳部件互作机理、关键部件材质优选、结构参数优化等诸多方面基础研究涉及较少，脱壳基础理论研究相对缺失，致使基础理论薄弱、研究水平提升较慢，脱壳技术水平提升仍较为缓慢。

（3）作业质量差、设备适应性差

国家花生数据中心2021年的数据显示，该数据库累计统计的我国花生品种（系）2 541份，农业农村部历年登记的品种946个，新登记的品种621个。不同品种物理特性差异悬殊，脱壳设备难于适应如此繁多品种高质量脱壳作业。现有脱壳设备虽能在某一区域针对某些品种实现高质量脱壳，但难以满足较多品种高质量脱壳，脱壳设备经常出现“水土不服”的情况。尽管大多数厂家生产的脱壳设备铭牌上标有性能指标，其中包括脱净率≥98%（部分厂家标识为99.5%），破碎率≤4.5%（部分厂家标识为2%），损伤率≤0.5%～2%，清洁率≥97%～99.5%。然而实际调研发现，由于查样标准不统一，厂家只从主出料口取样进行作业质量评价，致使结果与实际情况相差甚远，实际破碎率、损伤率通常接近 10%（陆荣等，2020），严格按照标准（JB/T 5688.2—2007《花生剥壳机　试验方法》）查样破碎率、损伤率甚至更高，根据品种不同通常可达 15%～30%，加工损耗较大。脱壳技术在提升作业质量、改进设备适应性上仍未取得较大突破。

（4）低损工艺研究缺失

我国花生种植仍以小农户种植为主，受地块土壤条件、种植技术、收获技术等多种因素制约，收获期、收获方式、干燥方式千差万别，致使我国花生在集中收储时品种多样、质量参差不齐，土块、石块、茎秆等杂质多种多样。然而，现有的相关研究未见花生收获期、收获方式、干燥方式与脱壳作业质量的关系研究，缺乏相关理论指导，致使脱壳工艺参数不合理的问题突出。

此外，为保证品质，花生安全贮藏含水率通常在 8%～10%，该含水率下荚果果壳、籽仁机械特性差异悬殊、种皮（红衣）与种胚结合力较弱，致使脱壳籽仁易碎、红衣易损。然而，在该参数条件下，未有切实可行的工艺参数进行配套，从而导致脱壳质量差、加工损耗大、品质低。

（5）新材料、新技术应用较少，低损机构研究缺乏

相关设备关键部件仍以普通杆式铁质材料为主，关键部件结构型式创新较少，仍停留在低水平重复阶段，新材料、柔性材质在脱壳滚筒设计创制方面使用较少，花生脱壳设备性能提升不明显、适应性差的问题仍旧较为突出，行之有效的改进与优化仍需进一步探索与创新。

因此，亟须对现有花生打击揉搓式脱壳机理进行研究，探明花生机械力学特性变化规律、花生荚果与脱壳关键部件相互作用机理，研究花生脱壳过程及损伤致因，创制并优化低损、高适应性脱壳关键部件，降低脱壳损伤，同时提升脱净率，为花生脱壳技术提升提供理论支撑。

2.3.3.3　拟解决的主要问题

针对我国花生脱壳存在的难题，拟开展以下研究。

第一，针对我国主产区典型花生品种荚果、籽仁物理参数研究缺失问题，系统梳理各典型产区主要品种，并研究主要品种生物学特性、物料学特性，构建主产区典型品种荚果、籽仁物理力学特性及其变化规律数据库。

第二，农机农艺融合，以低损伤率、高脱净率为主控目标，结合花生的生物学特性、物料学特性，研究并提出适于机械化脱壳的品种特征，为适于低损脱壳的品种选育提供参考。

第三章

脱壳质量相关的花生特性研究

脱壳是关键部件与荚果、籽仁相互作用的复杂力学、运动学过程，在此过程中关键部件、花生荚果、花生籽仁任何一个要素变化均会对作业质量造成影响。破解花生脱壳作业质量现有问题，需用全局系统的方法，不仅要考虑关键部件结构参数、运动参数、关键部件间的组配型式对作业质量的影响，而且还应重点考虑花生荚果、籽仁的生物学、物理学、机械力学特性对作业质量的影响规律，如荚果的发育特点及饱满程度可能会影响果壳破裂时对籽仁的损伤程度，果壳、籽仁的含水率可能会改变其力学性能，从而影响其破裂的难易程度，最终对脱壳作业质量产生影响（Davidson et al., 1978; Mcintosh et al., 1971; Gao et al., 2016）。

然而，长期以来花生特性研究较少被作为脱壳作业质量提升的研究范畴，脱壳作业质量研究都被作为机械设计、农业工程相关学科的研究领域，致使现有研究在针对某一特定品种的关键部件研究多、物料特性研究相对较少，相关研究人员的研究成果主要聚焦于关键部件试验设计优化，获取某一特定品种条件下的作业参数（张嘉玉等，1995；王京等，2016）。或者集中在物料特性研究，得出某一个或几个品种的物料学特性（刘红力等，2006；杨亚洲等，2016；陆永光等，2016）。全面系统从脱壳作业质量出发，对花生生长发育规律、果实特点、花生荚果籽仁基本物理特征、力学特性变化与作业质量关系的研究较为少见，导致现有脱壳装备性能研究与花生特性研究相互隔离，也是脱壳作业质量未能大幅提升的原因之一。

为此，本章以提升脱壳作业质量为目标，探究与脱壳作业质量相关的花生生物学特性、物理特性、机械力学特性及变化规律对脱壳作业质量可能产生的影响，为探明花生特性对作业质量的影响机制、关键部件设计与优化、离散元建模提供依据，为全面提升脱壳作业质量提供支撑。

3.1 材料与方法

3.1.1 试验品种选择及生物学特性测试

3.1.1.1 果实生物学特征

花生果实为荚果，果实外壳坚硬、籽仁柔韧且被种皮（红衣）包裹，其发育过程见图 3-1。花生结荚期、饱果期的籽仁充实情况、籽仁重量，以及籽仁、果壳强度存在差异，有学者研究发现在始花后的前 32～68 d 花生荚果的充实程度、干物质重量变化较大（王小纯等，2003）。了解花生生长发育特点，尤其是结荚期、饱果期的荚果变化特点，对探明适于低损脱壳的品种特征、优化收获期具有重要参考价值。

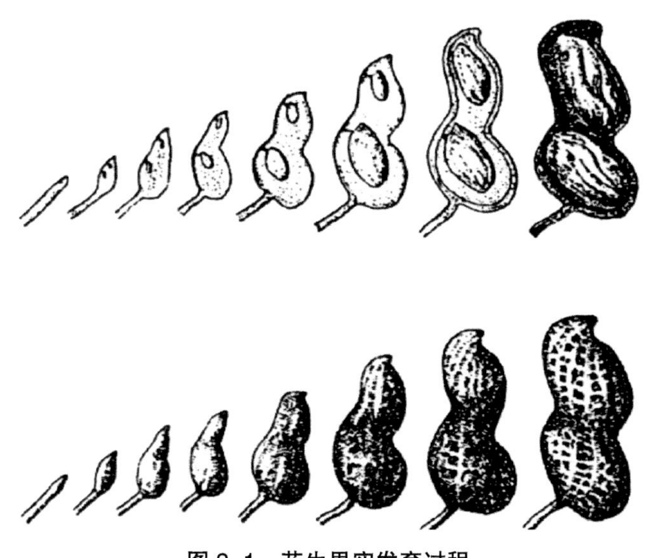

图 3-1　花生果实发育过程

Fig. 3-1　Development of peanut fruit

花生结荚期为鸡头状幼果出现到 50% 植株出现饱果，饱果成熟期为 50% 植株出现饱果到大多数荚果饱满成熟的阶段（罗葆兴等，1984）。总体来看，该阶段分为以下两个时期。

（1）荚果膨大形成期

需要 30 d 左右，这期间荚果体积迅速膨大，25～30 d 体积增至最大并形成定型果，但此时荚果果壳木质化程度低，外表网纹不清楚、表面光滑，荚果含水率为 80%～90%，无经济价值和食用价值。

（2）饱果期

需要 30 d 左右，这期间荚果体积不变，但干重迅速增长，籽仁不断充实。这期间果壳干重、含水量可溶性糖逐渐下降，籽仁蛋白质、中油脂比值逐渐提高（禹山林，2008），结荚期、饱果成熟期荚果、籽仁特性变化明显，荚果饱满度以及籽仁、果壳质构在发育和成熟的过程差异悬殊。因此，研究生长发育特点可为保证产量、选择最佳收获期、降低破损提供参考依据。

3.1.1.2　荚果果壳、籽仁构造

（1）荚果果壳构造

花生生长发育过程中，子房壁发育成果壳。果壳由内果皮、中果皮、外果皮组成，其结构如图 3-2、图 3-3 所示（徐庆年，1978）。发育初期，荚果大多数空间被内薄壁细胞层占据以贮存光合作用的产物。随着荚果逐渐成熟，因光合作用内薄壁细胞层逐渐转向籽仁而日渐干缩，且纤维层逐渐木质化，颜色也从白色逐渐变成黄白色、黄褐色或褐色（山东花生研究所，1982）。同时，白色内果皮不断形成褐色及深褐色斑点。果壳在荚果成熟过程中不断变硬、变薄，外表网纹脉络渐变清晰，相关物质转向籽仁，颜色由白色逐渐变成暗黄色，且成熟的荚果果壳内壁常为深色（封海胜，1993）。脱壳过程中，果壳机械力学特性将可能影响脱壳作业质量。

（2）籽仁构造

籽仁由种皮和胚构成（图 3-4），胚由胚根、胚轴、胚芽、子叶四部分组成（禹山林，2008）。种皮（图 3-5）表面蜡质匀而厚、透性低，细胞排列紧密对黄曲霉菌侵染的抗性较好，且具有完整种皮的籽仁黄曲霉菌侵

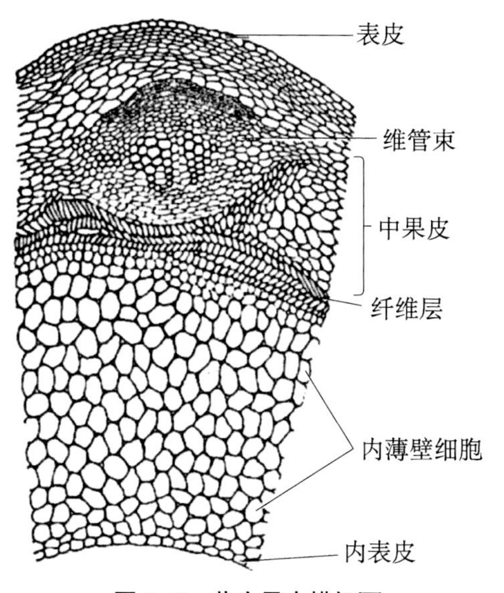

图 3-2　花生果壳横切面

Fig. 3-2　Cross section of peanut shell

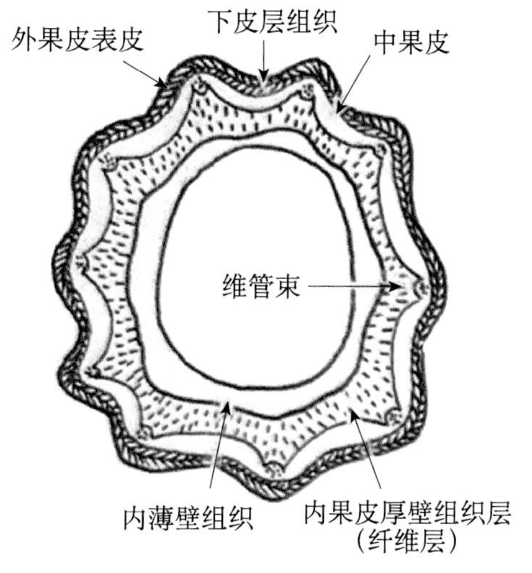

图 3-3　成熟荚果果壳构造

Fig. 3-3　Structure of mature peanut pod shell

染抗性方面表现明显优于种皮破损籽仁，一旦种皮破损，抗黄曲霉侵染的抗性随即消失，极易感染黄曲霉菌，严重影响花生品质，给食品安全造成较大威胁（梁炫强等，2003）。此外，花生做种时，种皮具有保护种子不受田间有害病菌和生物侵染的作用，种皮破坏对出苗率及产量影响显著。因此，无论是食用花生，还是种用花生，脱壳过程中均需保证籽仁完好无损。

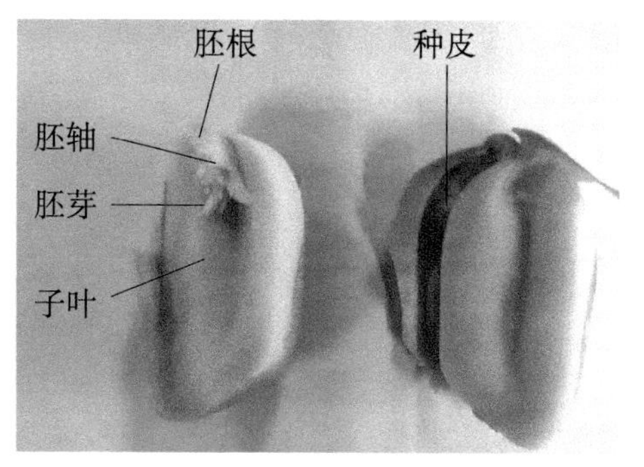

图 3-4　花生籽仁构造

Fig. 3-4　Peanut kernels structure

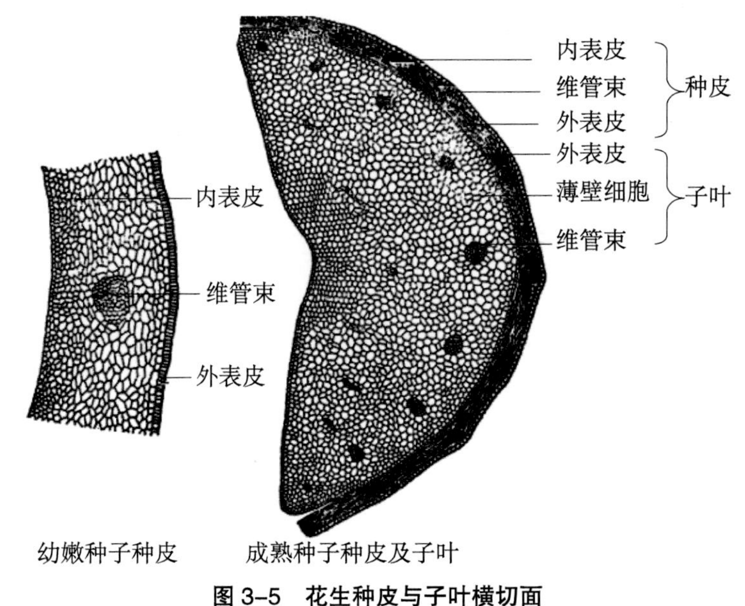

图 3-5　花生种皮与子叶横切面

Fig. 3-5　Cross section of peanut seed coat and cotyledons

3.1.1.3　荚果及其外观特征

花生果壳外表有 10 条左右的纵、横脉络形成的网纹，网纹的深浅与品种类型、成熟情况、土质、环境等因素密切相关，黏重土质、成熟度较好的花生荚果网纹通常较深（图 3-6）。成熟荚果果壳较为坚硬，大多数为两腔室，亦有三腔室及以上，各腔室之间无横隔，有或深或浅的缩缢，俗称果腰（图 3-7）。荚果顶端似鸟喙状的突出，称果喙或者果嘴（图 3-8）。荚果外形与品种密切相关，现有花生品种其荚果按形状不同主要可分为串珠形、曲棍形、茧形、斧头形、葫芦形、蜂腰形、普通形（王小纯等，2003）（图 3-9）。

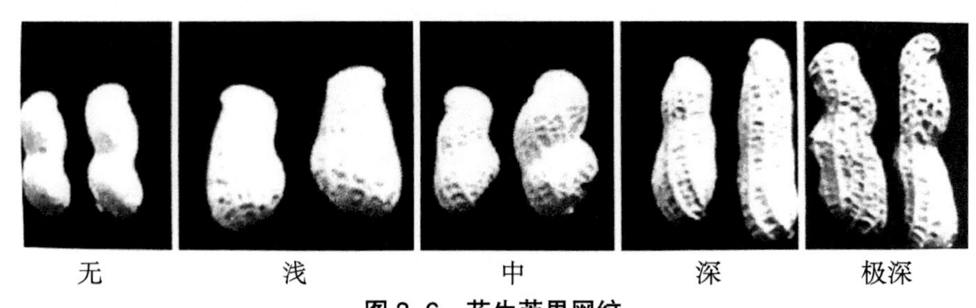

图 3-6　花生荚果网纹

Fig. 3-6　Mesh of peanut pods

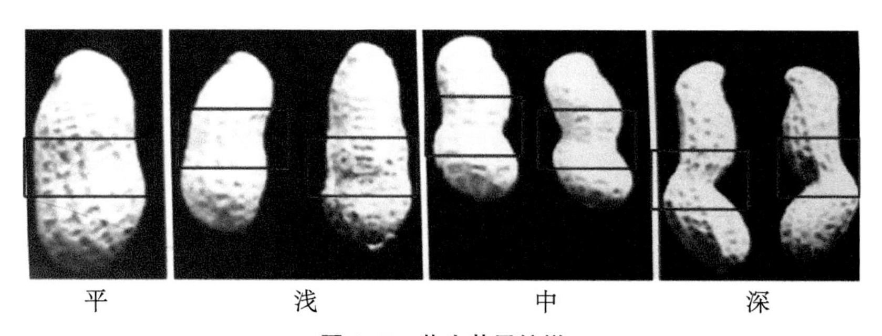

图 3-7　花生荚果缩缢

Fig. 3-7　Waist of peanut pods

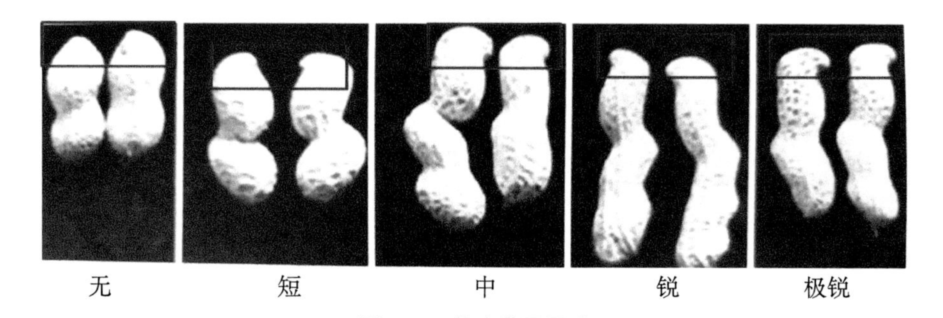

图 3-8　花生荚果果嘴

Fig. 3-8　Fruit mouth of peanut pods

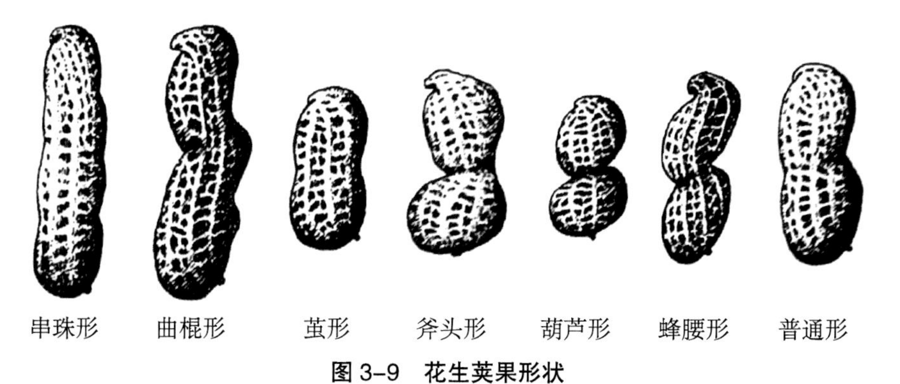

图 3-9　花生荚果形状

Fig. 3-9　Shapes of peanut pods

3.1.1.4　籽仁外观特征

籽仁由种皮和胚组成，籽仁破碎、损伤情况是考核花生脱壳机作业质量优劣的重要指标。花生种皮颜色多样，有粉红、淡红、深红、紫、紫红等 11

种颜色之多，但以粉红色最为常见（万书波，2003）。成熟的籽仁，子叶端钝圆或较平，胚端一般呈突出状。籽仁形状可分为三角形、桃形、圆锥形、椭圆形、圆柱形5种（图3-10）。籽仁大小受品种、自然条件、栽培方式等多种因素影响，且不同品种籽仁大小差距明显。在双腔室、多腔室荚果中，籽仁发育表现出后室籽仁发育早、籽粒大而重，前室籽仁发育晚、籽粒小而轻的特征（范永强，2014）。

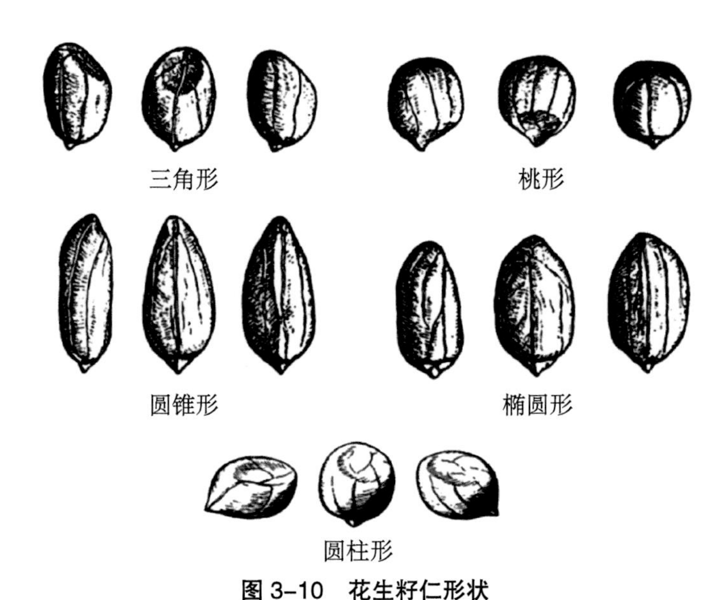

图3-10　花生籽仁形状

Fig. 3-10　Shapes of peanut kernels

3.1.1.5　试验品种选择

我国花生品种繁多，为快速破解我国花生脱壳技术难题，需抓主抓重，重点针对现有品种种植面积较大、推广前景较好的品种为研究对象，以便脱壳技术更好的应用、推广并快速转化为生产力服务于生产实际。国家花生产业技术体系是目前国内花生科研最重要的科研团队，该团队拥有从花生育种、土肥、栽培、病虫害防治、机械化生产等各个领域国内顶尖专家，通过岗位专家与试验站协同互动联合开展技术攻关、示范集成、政策咨询、技术推广等相关工作，截至2022年6月，该团队拥有岗位科学家25人，综合试验站站长27人。各综合试验站地域分布广泛，涵盖我国花生重要种植的典型区域，其花生种植和推广品种在我国花生生产中极具代表性。本书依托国家花生产业技术体系综合试验站，通过文献检索、问卷调研、电话调研、实地调研等多种形式征集各试验站属地种植面积最大的品种并进行关键参数研究，征集品种 29 个：虔油 1 号、308、湘黑小果、豫花 22 号、烟农花 10 号、花育 23 号、湛油 75、临花 18 号、粤油 901、豫航花 1 号、开农 1715、花育 9111、湘花 2008、宁泰 9922、徐花 13 号、开农 111、皖花 17、天府 22、开农 308、天府 26、贺油 16、阜花 12 号、海花 1 号、中花 21 号、云花生 3 号、丰花 1 号、冀农花 12 号、豫花 65 号、开农 1760。

3.1.1.6 荚果、籽仁特征判定

判断花生荚果、籽仁特征时，从 29 个品种中每个品种分别随机选取 100 粒外观无损伤的荚果、籽仁，根据其外观特征对荚果、籽仁进行基本信息搜集并记录。

3.1.2 物理特性测试

3.1.2.1 基本尺寸测试

本试验测定的花生基本尺寸主要为荚果和籽仁的三轴尺寸，三轴尺寸具体所指见图 3-11。三轴尺寸的测定与分析是花生关键部件设计的重要参考。构建如图 3-11 所示坐标系，长度方向为将花生如图摆放沿 X 轴的最大尺寸，厚度方向为平行于荚果果壳分界面处 Z 轴的最大尺寸，宽度方向为垂直于花生分界面处的 Y 轴最大尺寸。籽仁的三轴尺寸定义与荚果相同。

测试时，随机选取供试花生品种各 100 粒，用游标卡尺（精度 0.02 mm）首先测量荚果长（L）、宽（W）、厚（T）数据并记录，随后人工剥壳随机选取 100 粒籽仁进行长（L）、宽（W）、厚（T）测试。为更多地获取花生几何形状信息，根据相关学者研究（Zare et al., 2012; Kim, 1995），对几何平均直径（Geometricmean diameter）、球度（Sphericity）、荚果及籽仁整齐度进行计算（程显述等，1991），分别按式 3-1、式 3-2、式 3-3 进行计算。

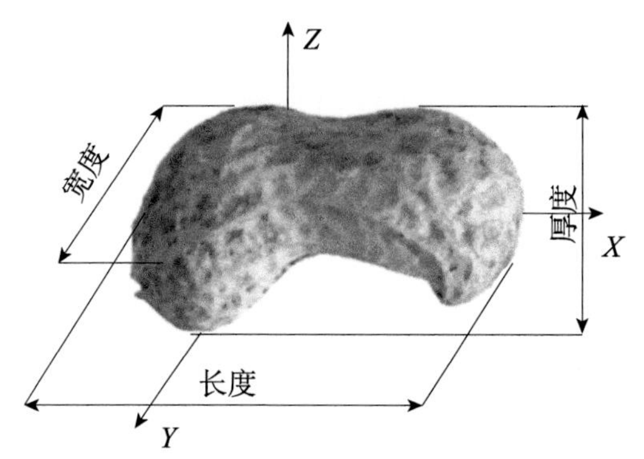

图 3-11　花生荚果三轴尺寸示意图

Fig. 3-11　Schematic diagram of three axis dimensions of peanut pods

$$D_g = (LWT)^{\frac{1}{3}} \tag{3-1}$$

$$\varphi = \left[\frac{(LWT)^{\frac{1}{3}}}{L} \right] \times 100\% \tag{3-2}$$

$$\lambda = \left[\frac{\delta}{B} \right] \times 100\% \tag{3-3}$$

式中，L 为长度方向尺寸，mm；W 为宽度方向尺寸，mm；T 为厚度方向尺寸，mm；D_g 为花生几何平均直径，mm；φ 为花生的球度，%；λ 为花生整齐度，%；δ 为长度方向标准差；B 为取样的花生平均长度，mm。

3.1.2.2　含水率测试

对供试各花生样品的荚果、果壳、籽仁分别进行含水率测试，测定每个类别的物料 10 份，计算各类别物料的含水率均值。因为花生籽仁含油率通常在 40%～50%，含油率较高，如果按常规谷物含水率测试方法将其粉碎，会使大量油脂渗出，造成测量误差。因此，含水率测试时不宜将其粉碎，须在测试前将花生籽仁充分切碎后置于洁净的铝盒，随后将试验放入干燥箱，设置恒温 105℃进行干燥，待干燥至前后 2 次质量差不超过 2 mg 时判定为恒重，恒重时记录此时质量。具体操作方法参照标准 GB 5009.3—2016 中直接干燥法进行，并按照式 3-4 进行含水率计算。

$$X = \frac{m_1 - m_2}{m_1 - m_3} \times 100 \tag{3-4}$$

式中，X 为试样含水率，%；m_1 为铝盒和试样的质量，g；m_2 为铝盒和试样干燥后的质量，g；m_3 为铝盒的质量，g。

3.1.2.3　饱满度测试

花生饱满程度，简称饱满度，决定果壳破裂时籽仁受伤的可能性。本试验采用排水法测量荚果饱满度。具体操作方法如下：取定容积的广口瓶并装满水，在广口瓶上方盖一洁净平滑的玻璃板并排出气泡。测试时，首先将 50 粒双仁饱满的荚果放入广口瓶中并盖上玻璃板，测定排出的水的体积。在果壳体积测定时，须手工剥壳，剥壳过程要确保花生外壳尽量完整，果壳入水时应与水平面倾斜且内表面朝上没入水中，以保证壳内无气泡。饱满度测试时，每个花生品种测试 3 次并取平均值，将数据记录并代入式 3-5 计算（程显述等，1991）。

$$\beta = \frac{v_1}{v_2 - v_3} \times 100 \tag{3-5}$$

式中，β 为花生果饱满度，%；v_1 为花生籽仁体积，cm^3；v_2 为花生荚果体积，cm^3；v_3 为花生壳体积，cm^3。

3.1.2.4　摩擦系数测试

摩擦系数是离散元建模过程中必不可少的关键参数，为准确构建花生离散元模型，决定进行各类摩擦系数测试研究。在花生脱壳、分选过程中，主要接触类型可分为：荚果与荚果、荚果与籽仁、籽仁与籽仁、荚果与 Q235 板、籽仁与 Q235 板。因此，对以上摩擦系数进行测试，以期为后续物理样机建模提供接触参数。考虑到试验工作量及后续研究需要，本书以阜花 12 号为研究对象开展花生摩擦系数研究工作，其他品种摩擦系数测试均可按以下方法进行。

本书的摩擦系数测试采用斜面法，自制的摩擦系数测试仪如图 3-12 所示，由调节手柄、电子角度显示器、支架、底座、Q235 板组成，其中 Q235

板可根据不同的测试需求，更换为其他材质的材料并固定在底座上，测量花生颗粒之间的碰撞恢复系数时也可被更换为种子板。摩擦系数测试时，缓慢转动角度调节手柄使 Q235 板与水平方向夹角逐渐增加，当被测试物料出现滑动趋势时，记录吸附在支架上的电子角度显示器上数值 α，α 即为滑动摩擦角，摩擦系数 $\mu=\tan\alpha$（吴孟宸等，2020）。滚动摩擦系数与滑动摩擦系数测试原理和仪器相同，不同之处是需要记录物料发生明显滚动时的 α 数值。在静摩擦系数测试时当 α 角度变大时，有些外形接近椭球的花生荚果及籽仁可能会发生滚动，须剔除静摩擦系数测试过程中物料明显发生滚动的 α 值。

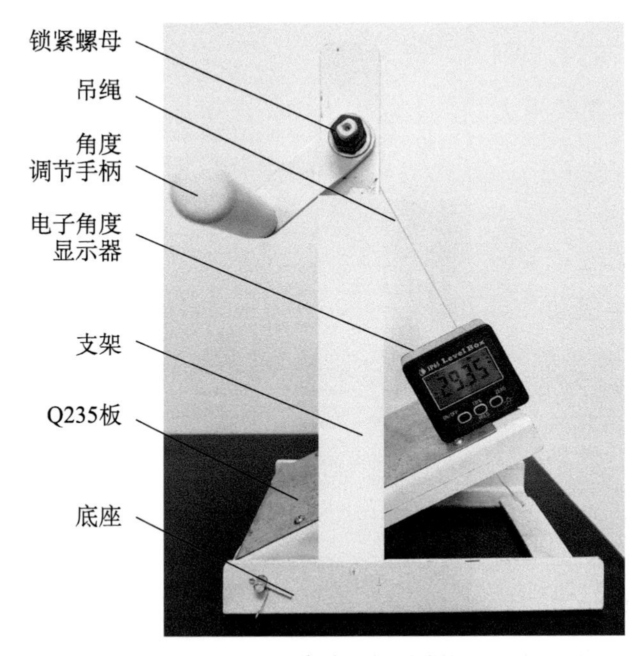

图 3-12　摩擦系数测试仪

Fig. 3-12　Tester of friction coefficient

在测试花生荚果与荚果、荚果与籽仁、籽仁与籽仁的静摩擦系数时也采用斜面法。测试前，需挑选长、宽、厚尺寸接近，大小均匀的花生荚果和籽仁，将其按形状紧密排列并粘在铜版纸上，制作成如图 3-13 所示的荚果板、籽仁板，然后将种子板固定在斜面仪上。试验时将待测物料置于荚果、籽仁的中间接触位置，按照以上的 Q235 板摩擦系数测试方法进行测试（郝建军等，2020）。测试时随机挑取 10 粒外表洁净、完好的荚果、籽仁，每粒荚果、籽仁测试 3 次，记录结果并取平均值。

图 3–13　花生籽仁板、荚果板

Fig. 3–13　Boards of peanut kernels and pods

动摩擦系数受花生形状、大小、接触介质表面影响较大。动摩擦系数与静摩擦系数测试方法、试验次数相同，测试前根据接触介质的不同，分别将 Q235 板、荚果板、籽仁板固定在摩擦因素测试仪上，通过增加接触面与水平面的夹角，当花生在接触材料表面开始滚动时记录电子角度显示器数值，记为 α_1，计算花生滚动摩擦因数 $\mu_1 = \tan\alpha_1$。

3.1.2.5　碰撞恢复系数测试

碰撞恢复系数是两物体碰撞前后沿碰撞界面处法线方向的分离速度与接近速度的比值，通常通过自由跌落试验进行测量，其值大小与碰撞物体的材质关系密切。

（1）测试原理

测试所需的仪器及设备如图 3–14 所示，主要包括：电脑、高速摄像机、补光灯、跌落支架、网格纸、材质板等。

测试开始时，高速摄影记录从下落开始到回弹结束全过程。试验开始时将花生以一定高度 200 mm（h_1）自由落下，碰到材质板后发生回弹，回弹到一定高度（h_2），通过式 3–6 计算即可得到碰撞恢复系数（刘羊等，2020）。

$$e = \frac{v_2}{v_1} = \sqrt{\frac{2gh_2}{2gh_1}} = \sqrt{\frac{h_2}{h_1}} \qquad (3\text{-}6)$$

式中，e 为碰撞恢复系数；v_1 为发生碰撞前被测物料的速度，m/s；v_2 为发生碰撞后被测物料回弹的速度，m/s；g 为重力加速度，m/s^2。

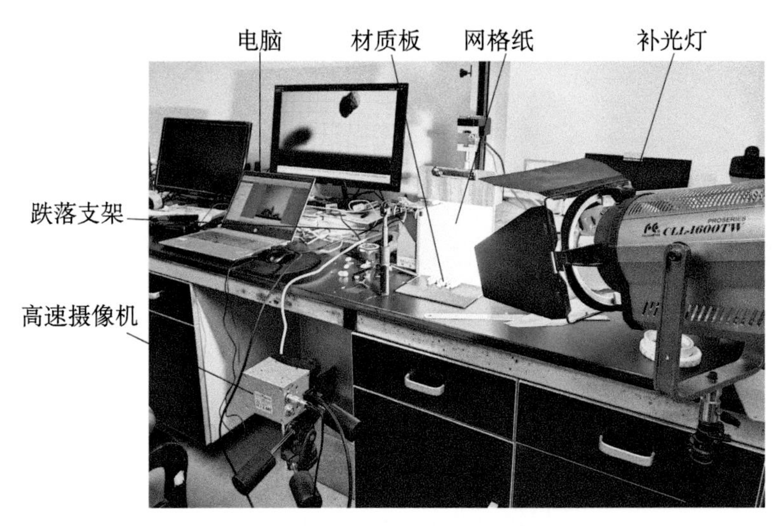

图 3-14　碰撞恢复系数测试系统

Fig. 3-14　Test system diagram of coefficient of restitution

（2）试验方法

为准确读取回弹高度 h_2，试验时需剔除回弹后花生姿态与回弹前相比明显发生变化的试验结果。由花生下落、回弹姿态图（图 3-15）可以明显看出花生 1 从下落到回弹姿态未发生明显改变，符合试验要求；花生 2 下落后，在回弹的过程中姿态发生翻转，这样会造成回弹高度 h_2 读取误差较大，影响试验结果，需要剔除。为获取精度高的试验结果，试验选取不少于 50 粒的花生开展试验，每粒花生跌落试验不少于 3 次，以便挑出符合试验姿态要求的花生高速摄影图像。根据花生荚果、籽仁不同碰撞恢复系数的测试需求，可将材质板分别更换为 Q235 板、荚果板、籽仁板进行测试，h_2 的值可结合高速摄像机图像通过网格纸读取。

3.1.2.6　泊松比测试

（1）测试原理

花生泊松比是花生受拉伸或压缩时横向应变与轴向应变的比，是花生的

图 3–15 花生下落、回弹姿态

Fig. 3-15 Posture diagram of peanut dropping and rebounding

弹性变形常数，是仿真分析的关键参数之一，将根据以下式 3-7 进行计算（陈涛等，2023）：

$$\mu=\frac{m/B}{n/L}=\frac{(M_1-M_2)/B}{(N_1-N_2)/L} \tag{3-7}$$

式中，μ 为泊松比；m 为横向变形，mm；B 为待测物料宽度，mm；n 为轴向变形，mm；L 为待测物料长度，mm；M_1、M_2 分别为待测物料破裂前后的横向尺寸，mm；N_1、N_2 分别为待测物料破裂前后的轴向尺寸，mm。

（2）试验方法

本试验利用万能材料试验机（SAS Test CMT 6000 型，图 3-16）分别对花生荚果、籽仁进行压力变形试验。试验时先以 0.5 mm/s 的速度接近待测物料，待即将接触物料时以 0.1 mm/s 的速度轴向施压至荚果或籽仁产生破裂时即停止加载，并读取此时轴向变形数值，并用游标卡尺测量轴向载荷产生的开裂极限处的横向变形值。将以上试验获取的数值代入泊松比计算公式。试验重复 20 次，记录并计算结果平均值。

图 3–16　万能材料试验机

Fig. 3–16　Universal testing machine

3.1.2.7　弹性模量测试

弹性模量是物料的基本物理特性参数，也是仿真分析必不可少的参数。本试验根据赫兹接触方法测试花生弹性模量（Chen et al., 2023; Shelef et al., 1967）。

（1）测试原理

由赫兹理论相关公式推导得出，弹性模量可计算为（ASAE, 2017）见式 3–8、式 3–9：

$$E=\frac{0.338F(1-\mu^2)}{D^{\frac{3}{2}}}\left[K_{\mathrm{U}}\left(\frac{1}{R_{\mathrm{U}}}+\frac{1}{R'_{\mathrm{U}}}\right)^{\frac{1}{3}}+K_{\mathrm{L}}\left(\frac{1}{R_{\mathrm{L}}}+\frac{1}{R'_{\mathrm{L}}}\right)^{\frac{1}{3}}\right]^{\frac{3}{2}} \quad (3\text{–}8)$$

$$\cos\theta=\left[\frac{1}{R_{\mathrm{U}}}+\frac{1}{R'_{\mathrm{U}}}\right]\Big/\left[\frac{1}{R_{\mathrm{U}}}-\frac{1}{R'_{\mathrm{U}}}\right] \quad (3\text{–}9)$$

式中，E 为弹性模量，MPa；F 为测试时加载在花生上的压缩力，N；D 为 F 引起的形变，mm；μ 为泊松比；R_{U}、R'_{U} 为花生与上压板接触时曲率半径的最大、最小值，mm；R_{L}、R'_{L} 为花生与下压板接触时曲率半径的最大、最小值，mm；K_U、K_L 可按照 ASAE S368.4DEC2000 中按照 $\cos\theta$ 值查询相应结果，θ 为花生表面与探头接触点主平面夹角，(°)。

由于花生、压缩面接触点曲率半径几乎相同，故弹性模量可按式 3-10 计算：

$$E=\frac{0.338F(1-\mu^2)}{D^{\frac{3}{2}}}\left[2K_U\left(\frac{1}{R_U}+\frac{1}{R'_U}\right)^{\frac{1}{3}}\right]^{\frac{3}{2}} \tag{3-10}$$

式中，$R_U=T/2$，$R'_U=[T^2+(L/2)^2]/2T$，其中 T 为花生的厚度，mm；L 为花生的长度，mm。

（2）试验方法

本试验根据花生基本尺寸测量结果中的花生厚度和长度进行弹性模量计算。本试验采用质构仪（BosinTech TA.XTC，移动速度为 0.001～40 mm/s）通过对花生荚果、籽仁进行压缩试验测试其弹性模量，测试探头为 TA36，质构仪如图 3-17 所示。测试加载速度位为 10 mm/min，沿厚度方向加载 5 s 后停机，利用该设备后处理软件得到的相关数据代入计算，荚果、籽仁试验次数不少于 10 次，取试验平均值。

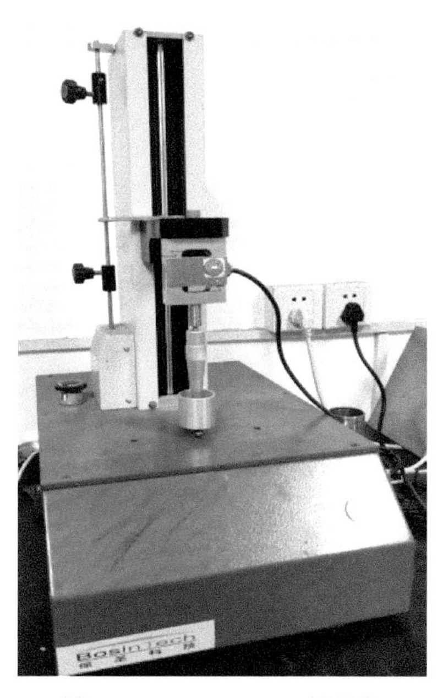

图 3-17　BosinTech 质构仪

Fig. 3-17　Bosin tech texture analyzer

3.1.3　机械力学特性及其变化规律研究

3.1.3.1　压缩破损力测试

本试验选取从国家花生产业技术体系各试验站征集的属地面积较大 29 个品种。采用电子万能材料试验机开展测试，如图 3-16 所示。试验时，将专用压盘用锁紧螺母锁紧后安装到万能材料试验机的夹具座上，按 3.1.2.1 中所示

的 *X*、*Y*、*Z* 轴分别对花生荚果、籽仁进行压缩测试。压缩测试开始时，在测试软件中进行压缩测试方案设置，相关设置如图 3-18 所示，左图为荚果测试参数设置，右图为籽仁测试参数设置。为保证荚果、籽仁在测试时均能达到破损状态，荚果、籽仁均采用定位移测试方法，测试位移设置为 5.5 mm，籽仁测试位移设置为 3.5 mm。测试开始时，将上压盘手动操作快速下降至接近花生表面，随后将设备初始力清零，并以 2 mm/min 的速度启动中竖梁并使

编辑试验方案
步骤1:基本参数 步骤2:速度设置 步骤3:曲线设置 步骤4:用户参数 步骤5:结果参数
试验方案 选择 / 编辑:
花生试验（压缩）new
标准代码: GB/T 7314-93
标准名称:
金属压缩试验方法
变形切换:
屈服后去掉引伸计
变形 mm后去掉引伸计
刚性修正:
自动判断断裂:
当力值大于 N开始判断断裂
后前力值测量之比小 %为断裂
测量力值小于最大力 %为断裂
方向设定:
拉向 压向
试验材料形状: 异形材
变形计算选 位移
试验控制:
定时间 s
定负荷 N
定变形 mm
定位移 5.5 mm
定能量 J
入口力 0.001 N
自动返回 1500 mm/min
删除方案 保存 下一页

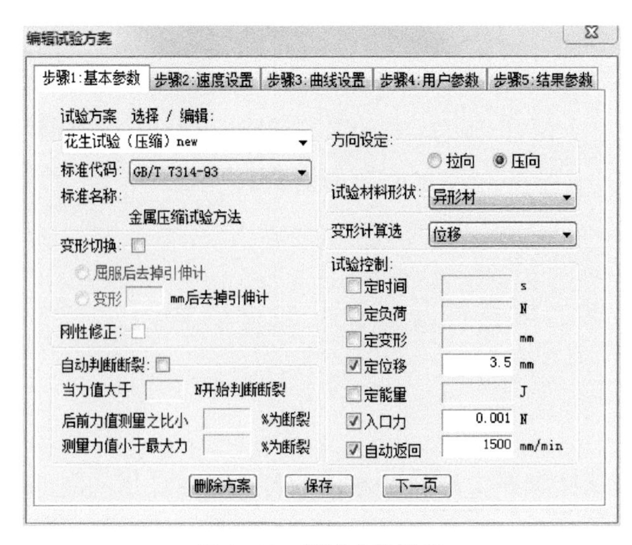

图 3-18 测试参数设置

Fig. 3-18 Test parameter settings

上压盘慢慢接近花生，当压盘接触力大于 0 时软件开始自动记录花生荚果、籽仁的压缩形变和力的关系曲线，当压缩达到设定的位移后压盘以 1 000 mm/min 快速返回。每个试验品种沿 *X*、*Y*、*Z* 轴各测 30 次压缩试验，共计完成供试的 29 个品种的压缩试验（图 3-19）。

X 轴

Z 轴

Y 轴

图 3-19　各方向测试示意

Fig. 3-19　Diagrams of testing in different directions

3.1.3.2　机械力学变化规律研究

综合考虑试验量及相关研究需要，本试验选取各试验站征集的典型品种进行研究，分别为宁泰 9922、花育 23 号、花育 9111。每次试验取 50 粒花生进行不同含水率的力学性能测试，并取平均值。

为获得不同含水率条件下的荚果果壳和籽仁的力学特性，首先需要对花生进行人工喷水调湿处理，调湿处理按照以下方法进行：将蒸馏水均匀喷洒荚果，然后将花生荚果密封在塑料袋中（Wang et al., 2022; ASABE, 2008），并在 5°C 下放置 24 h，使花生果壳、籽仁水分达到预期含水率。

调湿所需添加到样品中的水量 Q_w 使用式 3-11 计算（Kumar et al., 2016）：

$$Q_w = Q_P(M_f - M_i)/(100 - M_f) \tag{3-11}$$

式中，Q_w 为喷洒的蒸馏水质量，kg；Q_P 为样品初始质量，kg；M_f 为样品的最终干基含水量，%；M_i 为初始干基含水量，%。

根据以上公式对花生进行调湿处理，将荚果含水率分别控制在10%、12%、14%、16%、18%、20%，并按照压缩力学特性测试方法进行不同含水率下荚果果壳、籽仁含水率的力学性能测试。

3.2 结果与讨论

3.2.1 生物学特性测试结果与讨论

根据3.1.1中的测试方法，对29个花生品种进行测试，荚果、籽仁基本信息记录见表3-1。

表3-1 试验品种花生荚果、籽仁特征

Tab. 3-1 Characteristics of pods and kernels of experimental peanut varieties

序号	品种	荚果特征				籽仁特征	
		果形	网纹	果嘴	缩缢	籽仁形状	籽仁颜色
1	虔油1号	茧型	深	短	中	椭圆形	浅红
2	308	茧型	浅	无	中	三角形	浅红
3	湘黑小果	普通型	中	中	中	圆锥形	黑色
4	豫花22号	普通型	极深	中	中	椭圆形	红
5	烟农花10号	普通型	极深	中	中	圆锥形	深红
6	花育23号	蜂腰型	中	短	深	椭圆形	浅红
7	湛油75	普通型	浅	短	中	椭圆形	浅红
8	临花18号	普通型	浅	短	中	圆锥形	浅红
9	粤油901	普通型	深	短	中	圆锥形	浅红
10	豫航花1号	普通型	浅	短	中	椭圆形	浅红
11	开农1715	普通型	深	无	中	圆锥形	深红
12	花育9111	茧型	中	中	中	圆锥形	浅红
13	湘花2008	普通型	极深	短	中	椭圆形	深红
14	宁泰9922	普通型	浅	短	中	椭圆形	浅红

续表

序号	品种	荚果特征				籽仁特征	
		果形	网纹	果嘴	缩缢	籽仁形状	籽仁颜色
15	徐花 13 号	普通型	深	中	中	椭圆形	红
16	开农 111	普通型	深	短	浅	椭圆形	红
17	皖花 17	普通型	较深	无	中	圆柱形	红
18	天府 22	普通型	极深	无	中	椭圆形	浅红
19	开农 308	普通型	极深	无	浅	圆锥形	深红
20	天府 26	普通型	深	中	平	圆柱形	红
21	贺油 16	普通型	极深	无	浅	椭圆形	浅红
22	阜花 12 号	茧型	中	中	浅	椭圆形	浅红
23	海花 1 号	普通型	浅	短	中	椭圆形	浅红
24	中花 21 号	普通型	极深	短	中	椭圆形	浅红
25	云花生 3 号	普通型	中	锐	中	椭圆形	紫色
26	丰花 1 号	普通型	浅	短	中	椭圆形	浅红
27	冀农花 12 号	普通型	深	短	中	三角形	深红
28	豫花 65 号	普通型	浅	中	中	椭圆形	浅红
29	开农 1760	普通型	深	短	中	椭圆形	浅红

由表 3-1 可知，供试的品种中：①荚果果形以普通形为主，占 83.3%，茧形占 13.3%，其他果形占比较小；②荚果网纹以浅、深、极深为主，部分网纹深度适中，极少数网纹较深；③荚果果嘴以短果嘴占大多数，其次是中果嘴和无果嘴，锐果嘴较少；④荚果缩缢大多数为中等，部分缩缢浅，极少数缩缢深；⑤籽仁形状以椭圆形为主，其次为圆锥形和圆柱形，较少数为三角形；⑥籽仁以浅红色、红色为主，少数为深红色，极少数为紫色、黑色。

3.2.2　物理特性测试结果与讨论

3.2.2.1　基本尺寸测试结果与讨论

将测量的花生荚果、籽仁尺寸绘制成箱线图如图 3-20、图 3-21 所示。

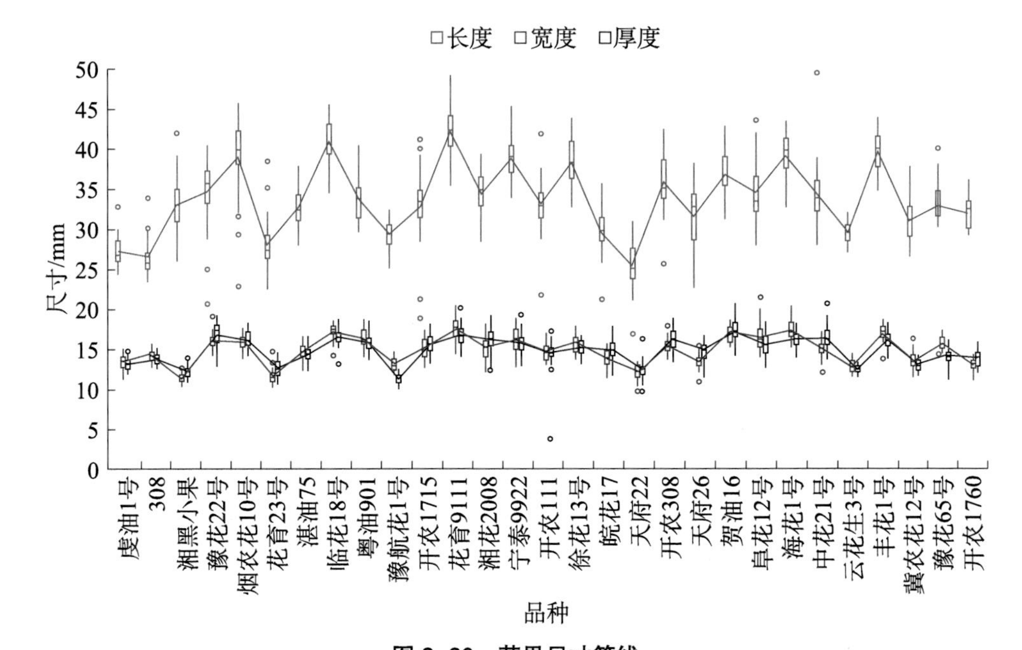

图 3-20　荚果尺寸箱线

Fig. 3-20　Box plot of pod size

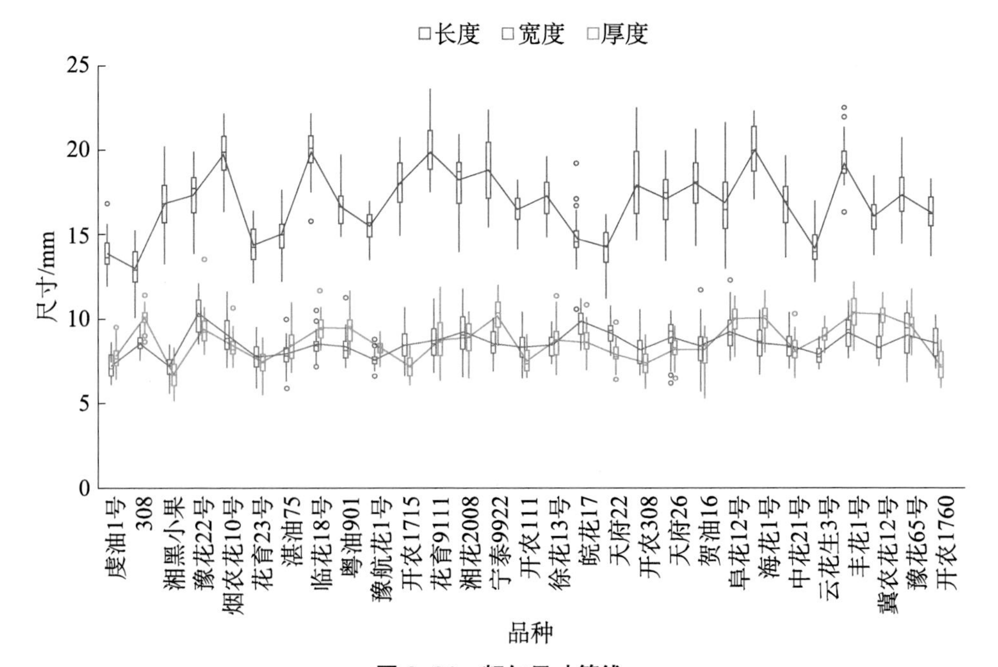

图 3-21　籽仁尺寸箱线

Fig. 3-21　Box plot of kernel size

箱线图具有一定程度的统计学意义，箱体长度表征了该组数据离散程度，箱体短表明数据集中，反之则表示数据分散；箱线图内的横线为该组数据的中位数，如中位数线在箱线图箱体正中间，表明该组数据呈正态分布，若位于箱子上边，表明该组数据呈左偏分布，若靠近箱子的下边，表明数据呈右偏分布。根据已绘制的箱线图并结合以上判定标准可知：

由荚果的箱线图可知，豫航花 1 号、云花生 3 号、308 三个品种荚果长度方向尺寸分布较为集中，天府 26、开农 308、阜花 12 号三个品种长度方向尺寸分布较为离散，豫花 22 号、豫花 65 号、丰花 1 号三个品种长度方向尺寸呈明显左偏分布，虔油 1 号、308、花育 23 号三个品种长度方向呈明显右偏分布，其余品种长度方向基本呈正态分布；湘黑小果、天府 26、云花生 3 号三个品种荚果宽度方向尺寸分布较为集中，阜花 12 号、湘花 2008、宁泰 9922 三个品种宽度方向尺寸分布较为离散，308、徐花 18、开农 1760 三个品种宽度方向尺寸呈现明显左偏分布，豫航花 1 号、天府 26、海花 1 号三个品种宽度方向呈现明显右偏分布，其余品种宽度尺寸方向基本呈正态分布；云花生 3 号、虔油 1 号、湘黑小果三个品种厚度方向尺寸分布相对较为集中，宁泰 9922、湘花 2008、阜花 12 号三个品种厚度方向尺寸分布较为离散，开农 1760、湘黑小果、天府 22 三个品种厚度方向尺寸呈现明显左偏分布，开农 111、贺油 16 三个品种厚度方向尺寸呈现明显右偏分布，其余花生品种荚果厚度方向基本呈正态分布。

由籽仁的箱线图可以看出，皖花 17、丰花 1 号、虔油 1 号三个品种籽仁长度方向尺寸分布较为集中，开农 308、阜花 12 号、宁泰 9922 三个品种籽仁长度方向尺寸分布较为分散，豫花 22 号、湘花 2008 三个品种长度方向尺寸呈明显左偏分布，虔油 1 号、丰花 1 号、云花生 3 号三个品种长度方向呈明显右偏分布，其余品种长度方向呈正态分布；豫航花 1 号、临花 18 号、308 三个品种宽度方向尺寸分布相对较为集中，豫花 65 号、湘花 2008、豫花 22 号三个品种宽度方向尺寸分布相对较为分散，天府 22、丰花 1 号、临花 18 号三个品种宽度方向尺寸呈明显左偏分布，虔油 1 号、宁泰 9922、湛油 75 三个品种宽度方向尺寸呈明显右偏分布，其余品种宽度方向尺寸基本呈正态分布；308、豫航花 1 号、云花生 3 号三个品种厚度方向尺寸分布较为集中，花育 9111、贺油 16、丰花 1 号三个品种厚度方向尺寸分布较为分散，豫花 65 号、贺油 16、徐花 13 三个品种厚度方向尺寸呈明显左偏分布，天府 22、云花生 3 号、烟龙花 10 号三个品种厚度方向尺寸呈明显右偏分布，其余品种厚度方向基本呈正态分布。

花生荚果、籽仁的几何平均直径、整齐度、球度情况如图 3-22、图 3-23 所示。

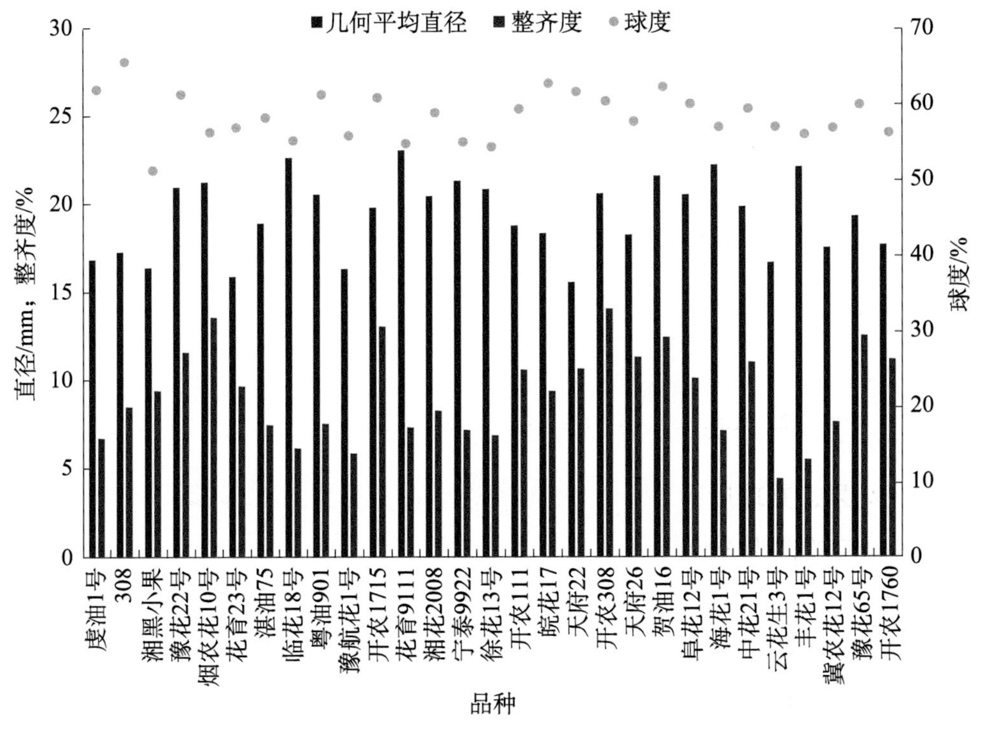

图 3-22　荚果几何平均直径、整齐度、球度

Fig. 3-22　Geometric average diameter, uniformity, and sphericity of pods

供试品种花生荚果几何平均直径最小的品种为天府 22，其几何平均直径为 15.63 mm，花生荚果几何平均直径最大的为花育 9111，其几何平均直径为 23.11 mm，供试品种的几何平均直径的均值为 19.20 mm；供试品种中整齐度最小的为云花生 3 号，整齐度为 4.42%，整齐度最大的为开农 308，其整齐度为 14.09%，供试花生品种整齐度均值为 9.25%；供试品种中球度最小的品种

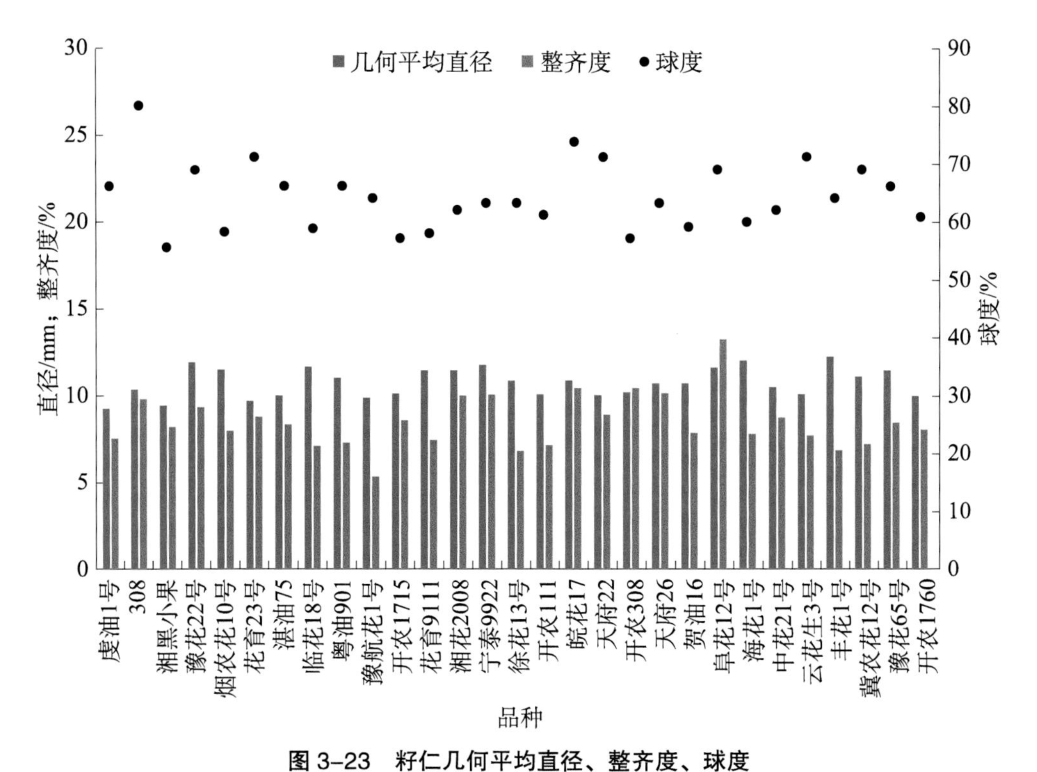

图 3-23 籽仁几何平均直径、整齐度、球度

Fig. 3-23 Geometric average diameter, uniformity, and sphericity of kernels

为湘黑小果，其球度为 51%，球度最大的品种为 308，其球度为 66%，供试品种的球度均值为 58%。

供试品种花生籽仁几何平均直径最小为虔油 1 号，其几何平均直径为 9.18 mm，花生籽仁几何平均直径最大为丰花 1 号，其几何平均直径为 12.19 mm，供试品种的几何平均直径均值为 10.71 mm；供试品种中整齐度最小的豫航花 1 号，其整齐度为 5.33%，整齐度最大的为阜花 12 号，其整齐度为 13.19%，供试花生品种整齐度均值为 8.42%；供试品种中球度最小的品种为湘黑小果，其球度为 56%，球度最大的品种为 308，其球度为 80%，供试品种的球度均值为 64%。

3.2.2.2 含水率测试结果与讨论

花生含水率测试结果如图 3-24 所示。

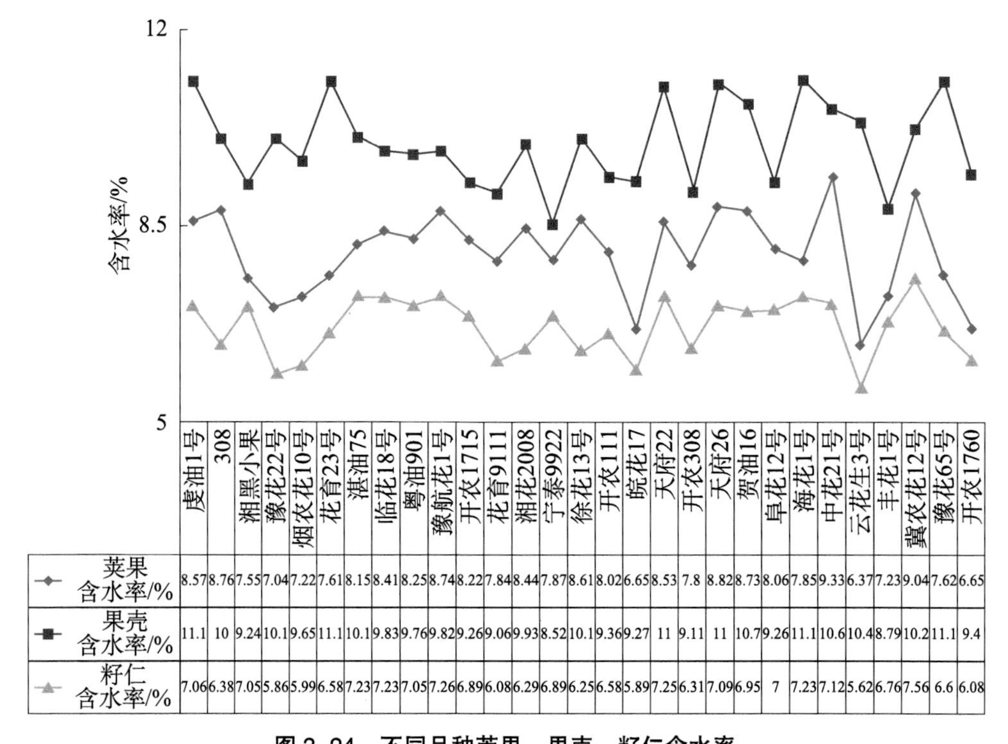

	庋油1号	308	湘黑小果	豫花22号	烟农花10号	花育23号	湛油75	临花18号	粤油901	豫航花1号	开农1715	花育9111	湘花2008	宁泰9922	徐花13号	开农111	皖花17	天府22	开农308	天府26	贺油16	阜花12号	海花1号	中花21号	云花生3号	丰花1号	冀农花12号	豫花65号	开农1760
荚果含水率/%	8.57	8.76	7.55	7.04	7.22	7.61	8.15	8.41	8.25	8.74	8.22	7.84	8.44	7.87	8.61	8.02	6.65	8.53	7.8	8.82	8.73	8.06	7.85	9.33	6.37	7.23	9.04	7.62	6.65
果壳含水率/%	11.1	10	9.24	10.1	9.65	11.1	10.1	9.83	9.76	9.82	9.26	9.06	9.93	8.52	10.1	9.36	9.27	11	9.11	11	10.7	9.26	11.1	10.6	10.4	8.79	10.2	11.1	9.4
籽仁含水率/%	7.06	6.38	7.05	5.86	5.99	6.58	7.23	7.23	7.05	7.26	6.89	6.08	6.29	6.89	6.25	6.58	5.89	7.25	6.31	7.09	6.95	7	7.23	7.12	5.62	6.76	7.56	6.6	6.08

图 3-24 不同品种荚果、果壳、籽仁含水率

Fig. 3-24 Moisture content of pods, shells, and kernels of different varieties

由于本次取样花生均为收获后正常贮藏的花生荚果，总体来看，不同品种花生含水率差异不明显，且不同品种均呈现出果壳含水率＞荚果含水率＞籽仁含水率的特点。29 个品种中，荚果含水率最低的为皖花 17 号，其含水率为 6.65%，含水率最高的为中花 21 号，其含水率为 9.33%；花生果壳含水率最低的为宁泰 9922，其含水率为 8.52%，含水率最高的为花育 23 号，其含水率为 11.09%；籽仁含水率最低的为豫花 22 号，其含水率为 5.86%，籽仁含水率最高的为冀农花 12 号，其含水率为 7.56%。

3.2.2.3 饱满度测试结果与讨论

花生饱满度影响花生脱壳作业质量，按照 3.1.2.3 中饱满度测试方法测试饱满度，如图 3-25。由图可得出，共计 13 个花生品种饱满度集中在 40%～55%，约占供试花生品种的一半，7 个花生品种饱满度集中在 60%～65%，饱满度在 30%～35% 的品种有 1 个，饱满度在 35%～40%、55%～60%

的各有 3 个，饱满度在 65%～70% 的品种有 2 个。以上数据表明，一半以上的花生荚果饱满度较差，只有少数品种饱满度达到 60%。

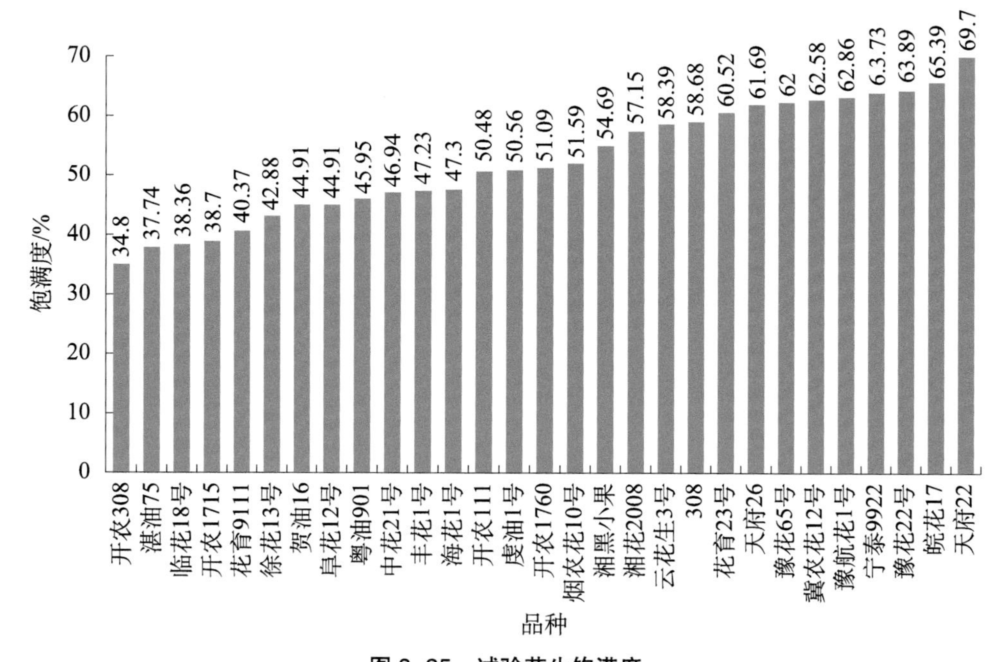

图 3–25　试验花生饱满度

Fig. 3–25　The fullness of peanut pods

3.2.2.4　摩擦系数测试结果

测得阜花 12 号荚果与 Q235 板静摩擦系数、籽仁与 Q235 板静摩擦系数、荚果与荚果静摩擦系数、荚果与籽仁静摩擦系数、籽仁与籽仁静摩擦系数分别为：0.5、0.38、0.6、0.53、0.38。

测得阜花 12 号荚果与 Q235 板动摩擦系数、籽仁与 Q235 板动摩擦系数、荚果与荚果动摩擦系数、荚果与籽仁动摩擦系数、籽仁与籽仁动摩擦系数分别为：0.1、0.07、0.024、0.016、0.01。

3.2.2.5　碰撞恢复系数测试结果

通过测量和计算可得花生荚果与 Q235 板、花生荚果与荚果、荚果与籽仁、籽仁与籽仁的碰撞恢复系数分别为：0.49、0.45、0.5、0.55。

3.2.2.6 泊松比测试结果

按照 3.1.2.6 中试验方法，记录试验结果并计算结果平均值，可得花生荚果、籽仁的泊松比分别为 0.38、0.32。

3.2.2.7 弹性模量测试结果

按照 3.1.2.7 中试验方法，通过测试并记算得到花生荚果、籽仁的弹性模量分别为 150 MPa、23.5 MPa。

3.2.3 机械力学特性及变化测试结果与讨论

3.2.3.1 压缩破损力测试结果与讨论

图 3-26 为不同品种荚果各向受力范围及均值图，由图可以看出不同荚果压缩力学特性差异悬殊。X、Y、Z 三个方向压缩破损均值总体呈现 $Y>Z>X$ 的规律。三个方向压缩破损力范围以 Y 向波动较大，粤油 901 波动最为明显，其 Y 向最大受力值为 152.89 N，最小受力值为 34.19 N；Y 向压缩破损力波动范围最小的为花育 23 号，其 Y 向最大受力值为 55.89 N，最小受力值为 30.29 N。图中的均值线即为三个方向受力的平均值，由图中可以看出荚果受力的均值线与 Z 向受力均值线逼近。

图 3-27 为不同品种花生籽仁各向受力范围及均值图，由图可以看出不同籽仁压缩力学特性差异较大。总体来看，X 向压缩破损受力均值最小，Y 向压缩破损受力均值、X 向压缩破损受力均值无明显的规律。三个方向受力情况以 Z 向压缩破损力范围波动较大，湛油 75 波动最为明显，其 Z 向最大受力值为 117.45 N，最小受力值为 17.66 N，云花生 3 号 Z 向受力波动最小，其 Z 向最大受力值为 57.86 N，最小值为 44.54 N；三个方向压缩破损力以豫航花 1 号 X 向波动范围最小，其 X 向最大受力值为 30.65 N，最小受力值为 18.26 N。图中的均值线即为三个方向受力的平均值，由图中可以看出花生籽仁受力的均值线均大于 X 向受力均值线，绝大多数受力均值小于 Y 向、Z 向受力均值。

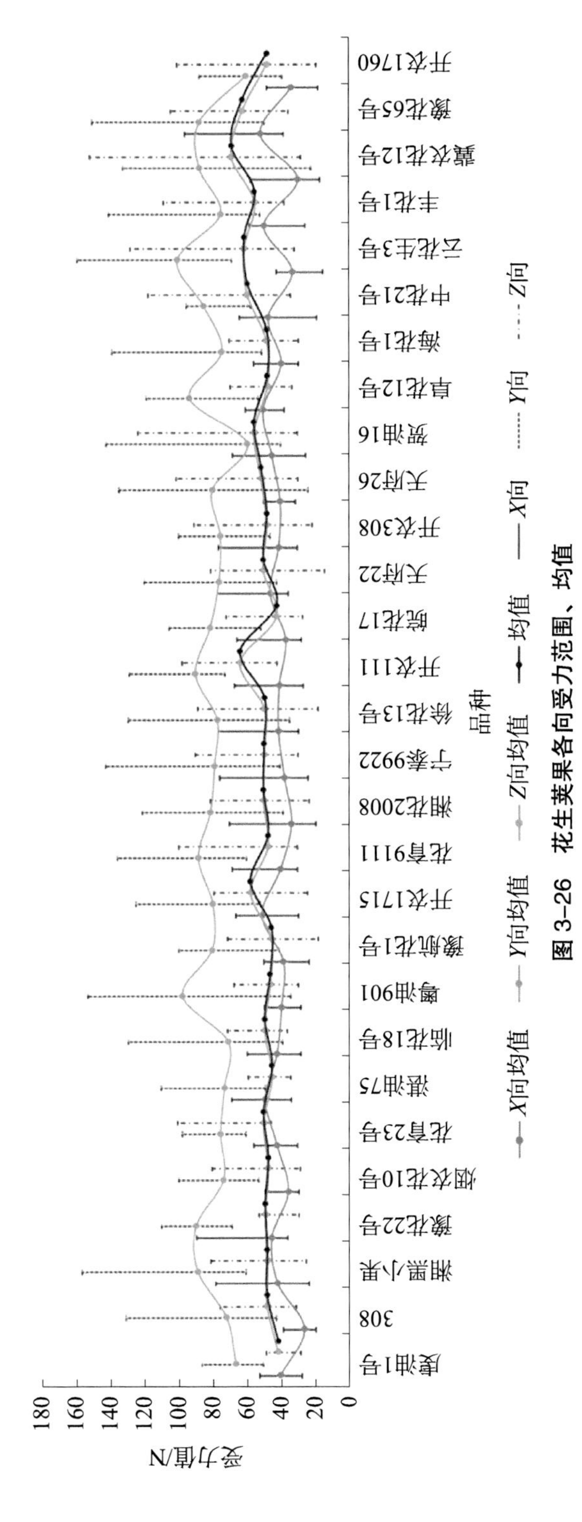

图 3-26 花生荚果各向受力范围、均值

Fig. 3-26 Diagram of the range and mean value of stress on peanut pods in three directions

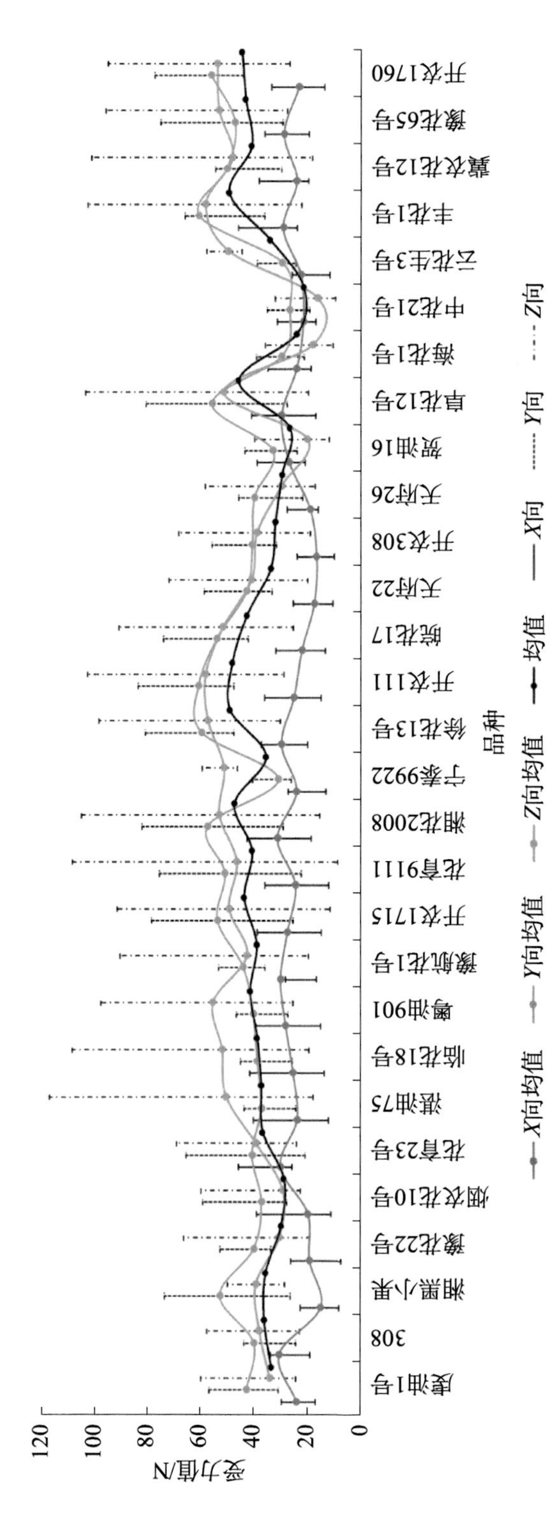

图 3-27　花生籽仁各向受力范围、均值

Fig. 3-27　Diagram of the range and the mean value of stress on peanut kernels in three directions

图 3-28 为开农 1760 荚果压缩试验的压缩力与位移曲线，花生荚果在刚开始受压盘挤压时发生弹性变形，力和位移表现出线性变化规律，随着挤压的不断进行，荚果果壳出现第一裂纹并发生破坏，压缩力随之迅速下降，记录此时的位移值，将荚果三个方向出现第一裂纹的位移值进行平均即得到第一裂纹平均位移，并绘制品种与位移的关系曲线。由图 3-29 可看出，所有被测试品种中，在第一裂纹出现，也即荚果或籽仁发生破损时，荚果的第一裂纹平均位移均大于籽仁的第一裂纹平均位移。所有被测试品种荚果第一裂纹的平均位移均值为 2.52 mm，籽仁第一裂纹的平均位移均值为 1.90 mm。果壳、籽仁第一裂纹平均位移为花生脱壳机关键部件选择提供了参考，也为达到较高的脱壳作业质量提供了数据支撑，凹板筛的直径应大于花生各向平均尺寸 2 mm。

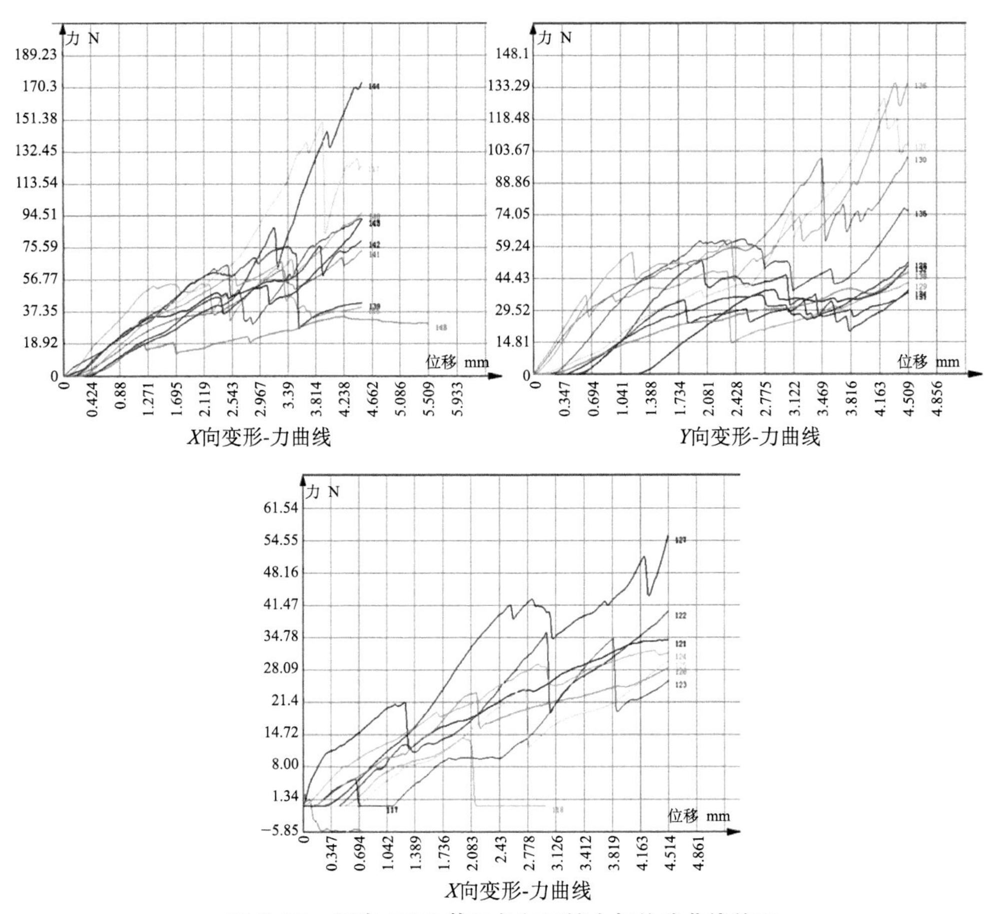

图 3-28　开农 1760 荚果各向压缩力与位移曲线关系

Fig. 3-28　Relationship between compression force and displacement of Kainong 1760 pods

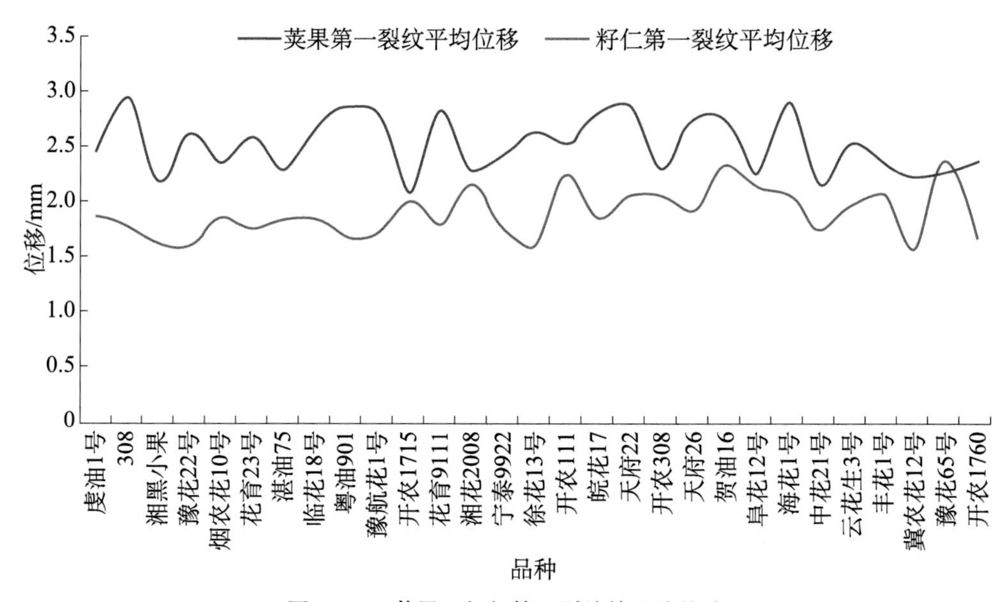

图 3-29　荚果、籽仁第一裂纹的平均位移

Fig. 3-29　Average displacement of the first crack in pods and kernels

3.2.3.2　机械力学特性测试结果与讨论

对调湿至试验所需的不同含水率的宁泰 9922、花育 23 号、花育 9111 分别进行果壳、籽仁力学特性测试，将数据记录并绘制如图 3-30 所示。由图可看出，随着花生荚果果壳、籽仁的含水率的不断增加，三个品种的果壳、籽仁的 X、Y、Z 三个方向的力学特性均呈现出上升趋势，且果壳在含水率较低的时候力学特性变化不明显，在含水率超过 18% 时，三个品种的压缩破损力变化非常显著，这说明在高含水率的情况下，果壳 X、Y、Z 三个方向压缩破损力均明显增加，果壳破碎难度加大致使难于脱壳，脱净率会随之降低。相比之下，花生籽仁 Y 向的力学特性随着含水率的增加变化较为显著，X 向力学特性变化亦较为明显。花生籽仁力学特性的增加可以显著提升花生籽仁的抗打击能力，降低脱出的籽仁与荚果、籽仁与脱壳滚筒、籽仁与凹板筛挤压、揉搓过程中产生破碎的可能，有效降低花生的破碎率和损伤率，改善破损率、提升作业质量。

脱壳作业质量的提升需以降低损伤率、提高脱净率为目标，但通过以上分析可明显看出，调湿处理后荚果果壳、籽仁的力学特性同步上升，调湿处理可以有效改善破损率，但对脱净率却形成了较为不利的影响，破损率和脱净率在含水率的变化下呈现“此消彼长”的明显趋势，如何通过调湿处理、改变荚果、籽仁力学特性的方法系统优化脱净率、破损率，需要开展相关研究以进一步探讨。

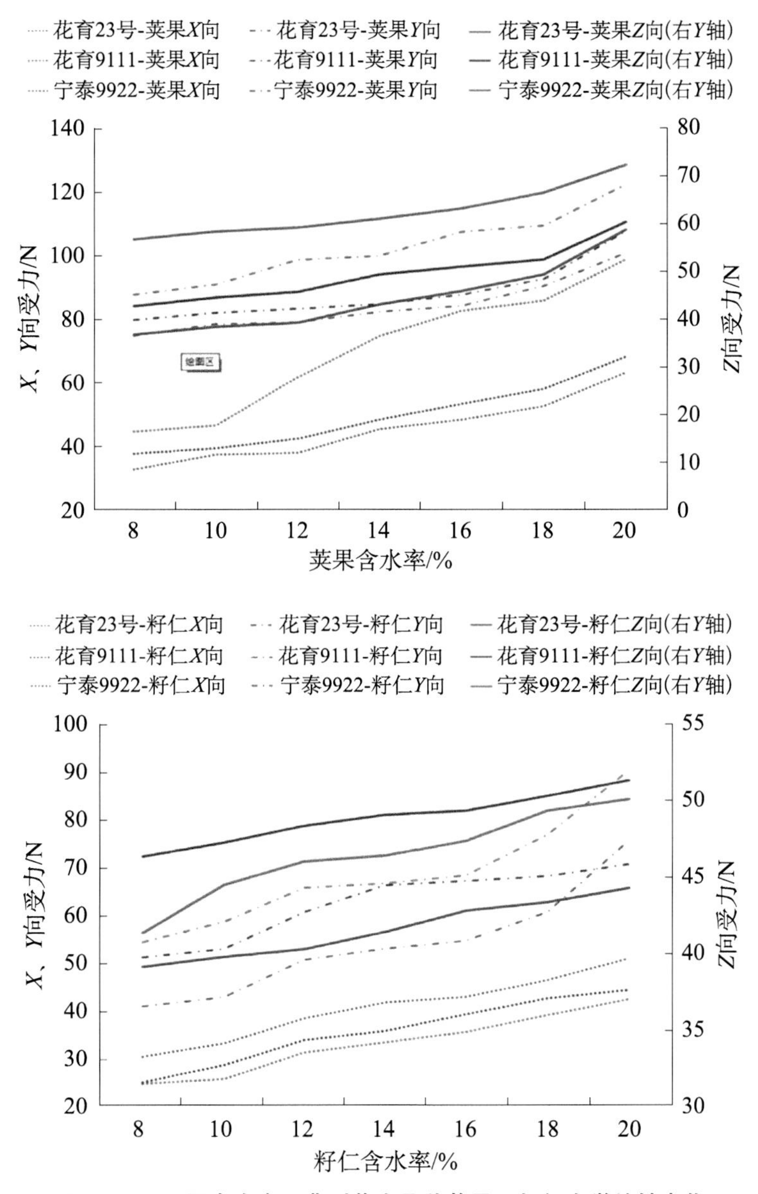

图 3-30 不同含水率下典型花生品种荚果、籽仁力学特性变化

Fig. 3-30 Changes in mechanical properties of typical peanut varieties' pods and kernels under different moisture contents

3.2.3.3 主要产区主推品种基本特征数据库构建

上述试验依托国家花生产业技术体系岗位科学家和综合试验站，向我国花生主要产区征集主推品种 29 个，开展了不同品种的花生荚果生物学性状和物理特性试验研究，获取了花生荚果及籽仁的基本特征参数，主要包括花生荚果、籽仁的表型特征、缩缢、网纹、果嘴、含水率、力学特性、荚果三轴尺寸、籽仁三轴尺寸，典型品种的弹性模量、泊松比、碰撞恢复系数，荚果果壳含水率、荚果含水率、籽仁含水率，荚果各向力学特性、籽仁各向力学特性等。将已获取的上述花生基本信息进行归类整理，借助 ACESS 数据库管理软件构建花生基本特征数据库，涉及各类花生基本信息近 3 000 条，可较为方便地对我国花生主要产区主推品种基本参数进行查阅、调用和统计分析。构建的数据库如图 3-31 所示，该数据库可供花生物料特性研究，花生科研工作者数据分析、数学建模等研究提供参考依据。

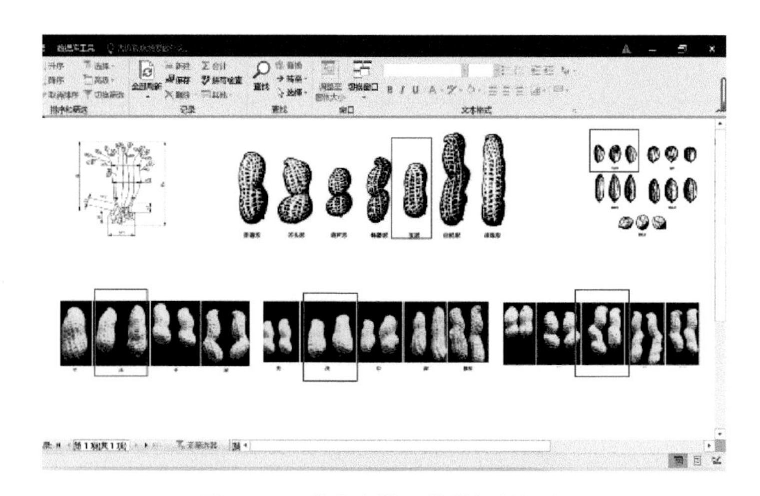

图 3-31　花生主推品种特征数据库

Fig. 3-31　Feature database of main peanut varieties

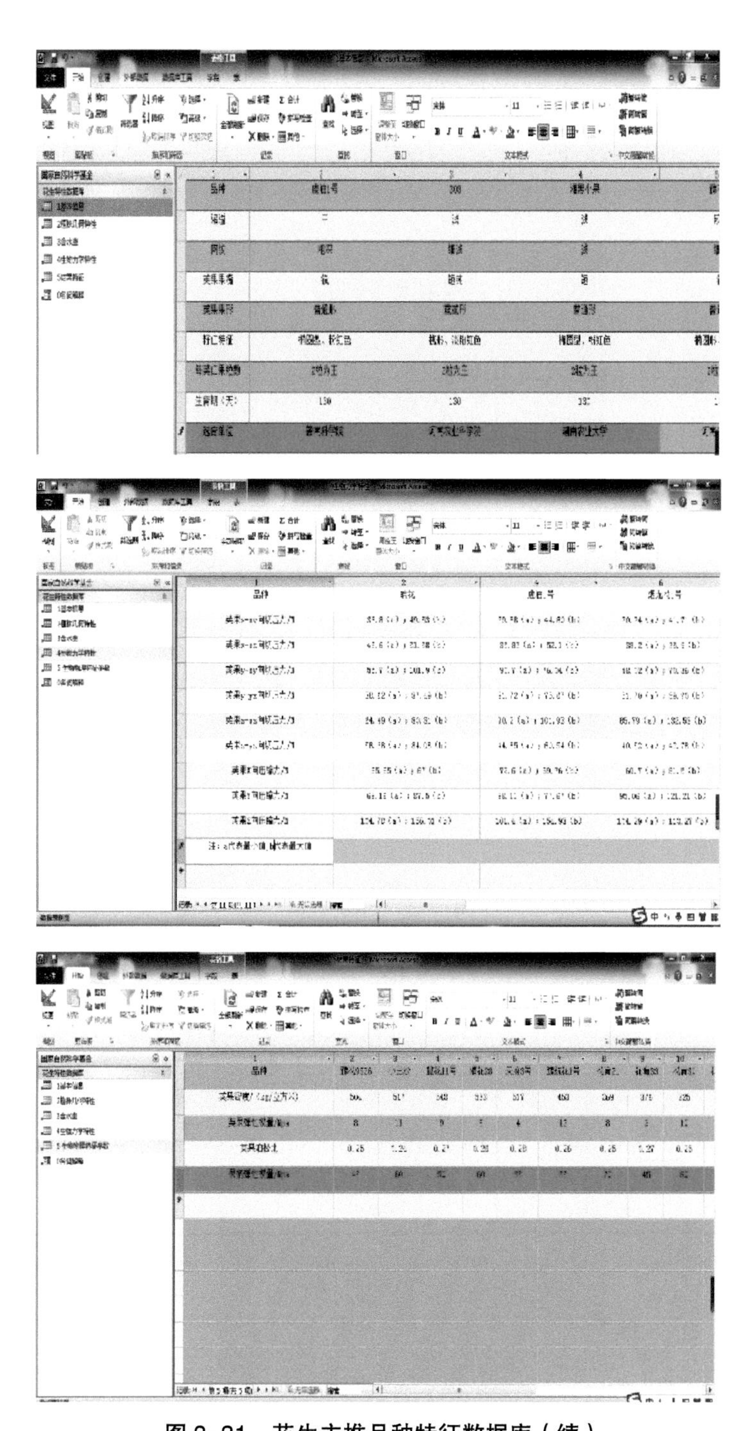

图 3-31　花生主推品种特征数据库（续）

Fig. 3-31　Feature database of main peanut varieties

3.3 本章小结

本章系统研究了花生生物学及物理特性，主要研究结果如下。

第一，研究获取了花生荚果、籽仁的生长发育特点，对花生荚果果壳、籽仁构造，花生荚果特征、籽仁特征进行了阐述，并通过仔细考量，以“抓主抓重”原则确定了试验品种。

第二，研究获取了 29 个品种的花生荚果、籽仁的三轴尺寸、含水率、饱满度等基本情况，并对其结果进行了分析，得出了各参数的分布规律；开展了典型品种阜花 12 号的静摩擦系数、动摩擦系数、碰撞恢复系数、泊松比测试工作，获取了相关参数，为花生 EDEM 模型的构建奠定了基础，同时也为其他品种相关参数的测试提供参考。

第三，研究了 29 个品种花生荚果、籽仁的压缩破损力，并对结果进行了分析和比较，获取了各品种荚果、籽仁压缩破损力的大致范围，且发现不管是荚果还是籽仁其压缩破损力均以 X 向最小，同时还获取了荚果、籽仁第一裂纹的平均位移分别为 2.52 mm、1.90 mm。

第四，研究并获取了花生机械力学特性变化规律。当荚果果壳含水率大于 18% 时，果壳破损难度加大，花生荚果难以脱壳，但高含水率下籽仁不易破碎，损伤率会降低。该变化规律为后续降低花生籽仁破损率、提升脱壳质量提供了思路和参考。

第五，基于 29 个品种的试验研究结果，借助 ACESS 数据库管理软件构建花生基本特征数据库，涉及各类花生基本信息近 3 000 条，为花生科研工作者开展花生物料特性研究、数据分析、数学建模等研究提供参考依据。

第四章

适于机械化低损脱壳的品种特征研究

从全球花生机械化生产的发展来看，美国已在耕、种、管、收方面实现了农机农艺高水平融合（陆荣等，2019），并且在花生育种初期就以是否适于机械化生产作为考量指标，是否适于机械化脱壳是其品种推广的重要标准之一。因此，其品种与现存技术装备作业参数、工艺流程高度融合，脱壳技术装备能满足其不同用途的花生脱壳需求。然而，从我国农业科研的发展来看，我国农业科研长期以主要农作物高产为主要方向，以保障国家粮食安全为主要目标，在农机农艺融合方面起步较晚，并且进展较为缓慢（梁建等，2014）。农机农艺融合水平低是造成农业装备与品种不相适应、作业质量不稳定、作业质量差的主要原因。近年来，农业主管部门在农机农艺融合方面政策频出，在政府、科研单位、农业推广等部门共同努力下，农机农艺融合水平有效提升，但仍存在很多薄弱环节和亟待探索、解决的问题，在花生脱壳技术装备方面表现尤为突出。我国在适于机械化低损脱壳品种特征的研究尚处于起步阶段，农机农艺联合研发机制尚未建立，适于低损脱壳的品种特征及机械化脱壳适宜性评价方面的研究尚处于空白，部分品种完全不适于机械化脱壳。

为此，本章在花生生理、机械力学特征研究基础上，以脱壳低破损率、高脱净率为目标，开展品种特征对作业质量影响机理研究，以期探明并提出适于低损脱壳的品种特征，为育种专家提供适于机械化低损脱壳的研究方向，为提升花生生产农机农艺融合水平提供支撑。

4.1 材料与方法

4.1.1 脱壳试验台的设计

为研究适于低损机械化脱壳的品种特征，需对不同品种的荚果进行脱壳作业。由于现有脱壳设备参数不可调、生产率高，试验成本高，为此，本书首先设计小型脱壳试验台，用以研究适于机械化低损脱壳的品种特征。

4.1.1.1 试验台构建原则

试验台设计应遵照以下原则。

第一，单次试验物料用量少。为保证试验精度且降低试验成本，应减少单次试验花生用量、增加试验次数，试验台生产率的设计应尽可能小。

第二，关键部件更换方便、关键参数可调。为实现不同品种均能实现高质量的脱壳作业，脱壳关键部件应可根据不同品种特点进行更换和调整。

第三，为方便开展试验，降低查样工作量，试验台应具有一定的清选功能，可将花生荚果果壳清选出机外，将未脱荚果及已脱籽仁的混合物集中并全部搜集。

4.1.1.2 脱壳试验台关键参数设计计算

（1）脱壳滚筒关键参数设计

脱壳滚筒是打击揉搓式花生脱壳试验台的核心部件。通过系统调研现有打击揉搓式花生脱壳设备，线速度从 1.4 m/s 至 4 m/s 不等，且脱壳滚筒型式多种多样，主要有纹杆式、套筒打杆式、闭式滚筒、扁钢打板式（高学梅，2012）。本书参照常用的扁钢打板式花生脱壳滚筒设计小型花生脱壳试验台的脱壳滚筒，其设计结构图如图 4-1 所示。

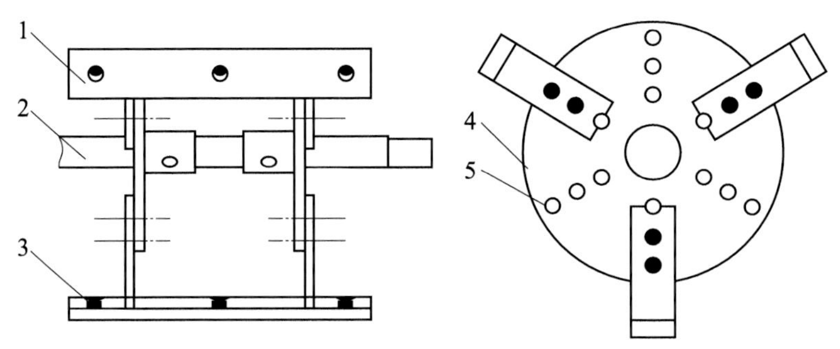

1. 扁钢打板；2. 转轴；3. 固定螺栓；4. 滚筒支撑板；5. 调节安装孔

图 4–1　花生脱壳试验台脱壳滚筒

Fig. 4–1　Peanut shelling drum of shelling test bench

为满足试验台构建原则及试验要求，现将花生脱壳试验台生产率确定为 40 kg/h（以花生荚果计）。根据中国农业机械化科学研究院《农业机械设计手册》（2007）及现有相关文献，未见脱壳设备专用设计计算方法。由于脱壳设备作业原理与脱粒设备作业原理相似，本试验台设计参照脱粒装置设计的相关原则（中国农业机械化科学研究院，2007）。脱壳滚筒打杆长度直接决定生产率，脱壳滚筒长度 L 通常按式 4–1 计算：

$$L \geqslant \frac{q}{q_0} \tag{4–1}$$

式中，L 为脱壳滚筒长度，m；q 为脱壳装置的喂入量，kg/s；q_0 为滚筒单位长度允许承担的喂入量，kg/（s · m）。根据《农业机械设计手册》，通常 q_0 取值为 1.5～2.0 kg/（s · m）。由于花生荚果容重与脱粒机谷草混合物容重差距较大，约为其容重的 30%。因此同等质量下花生体积更大，为不影响脱壳，因此 q_0 应取值在 0.45～0.6 kg/（s · m），结合计算结果并综合考虑过载等其他因素，试验台打杆长度确定为 0.1 m，并取脱壳滚筒直径为 0.25 m。

本设计将脱壳滚筒线速度设计为目前脱壳设备线速度的最大值，以期试验过程中可以通过变频调节实现脱壳滚筒线速完全覆盖市场现有机型线速度范围。以线速度 4 m/s 计算，根据线速度计算式 4–2：

$$v = \frac{n \times \pi \times D}{60} \tag{4–2}$$

式中，n 为脱壳滚筒转速，r/min；D 为脱壳滚筒直径，m；根据上式可计算脱壳试验台的转速为 380 r/min。

（2）凹板筛包角和面积设计

凹板筛是脱壳装置的重要部件。脱壳滚筒与凹板筛相互配合完成对花生荚果的打击揉搓及脱粒后分离，完成脱壳过程。根据喂入量计算式 4-3（中国农业机械化科学研究院，2007）：

$$q = \eta S = BR\beta\eta \tag{4-3}$$

式中，q 为喂入量，kg/s；η 为凹板筛单位面积生产率，kg/（m^2·s）；S 为回转式凹板筛包围面积，m^2；B 为脱粒滚筒总长度，m；R 为脱粒滚筒半径，m；β 为凹板筛包角，rad。水稻联合收获机 η 通常取值为 1.68 kg/（m^2·s）（田立权等，2020），该数值以水稻为参数进行计算。通过花生荚果及水稻容重的差异进行计算，在处理花生荚果时此值约为 0.55 kg/（m^2·s）。根据设定的生产率计算 q 为 0.022 kg/s，且由计算可知 $B = 0.1\,\mathrm{m}$，$R = 0.125m$。计算可得凹板筛包角为 182.4°（3.2 rad），故可将凹板筛包角近似取 180°。

（3）去杂风机设计

为查样方便，将经凹板筛脱出的混合物进行初步清选，清选出果壳以保留未脱荚果及籽仁供后期查样。根据农用吹出型风机设计要求，工作时，脱后的籽仁、果壳、未脱荚果混合物位于出风口的前面，荚果果壳沿气流通道被吹走，未脱果壳及已脱籽仁在重力作用下经过气流场下落，进入集料装置。风机的设计和计算参考式 4-4 至式 4-9。

$$D_1 = (0.35 \sim 0.5) \times D_2 \tag{4-4}$$

$$B_k \leqslant 1.5 \times D_2 \tag{4-5}$$

$$D_0 = (0.65 \sim 0.8) \times D_2 \tag{4-6}$$

$$S = (0.35 \sim 0.45) \times D_2 \tag{4-7}$$

$$f = 0.03 \times D_2 \tag{4-8}$$

$$A = (0.1 \sim 0.2) \times D_2 \tag{4-9}$$

式中，D_1 为叶轮直径，m；D_2 为叶轮外径，m；B_k 为叶轮外壳宽度，m；D_0 为进风口直径，m；S 为出风口高度，m；f 为叶轮端面与蜗壳壳体间距，m；A 为螺旋蜗壳形外壳扩展尺寸，m。参照《农业机械设计手册》，吹出型风扇叶轮直径 D_2 大多在 300～400 mm，转速为 600～1 200 r/min，叶片通常为 3～4 个，综合考虑试验台体积及设备稳定性，本试验台选用 4 片叶片，取 $D_2 = 300$ mm，并据此得到叶轮内径 $D_1 = 150$ mm，叶轮外壳宽度 $B_k = 400$ mm，出风口高度 $S = 10$ cm，转速取 900 r/min。

风机螺旋线外壳参照农业机械设计手册进行设计（中国农业机械化科学研究院，2007），各部分半径和相关尺寸按式 4-10 至式 4-13 计算。

$$R_1 = \frac{D_2}{2} + \frac{A}{8} \tag{4-10}$$

$$R_2 = \frac{D_2}{2} + \frac{3A}{8} \tag{4-11}$$

$$R_3 = \frac{D_2}{2} + \frac{5A}{8} \tag{4-12}$$

$$R_4 = \frac{D_2}{2} + \frac{7A}{8} \tag{4-13}$$

为了保证良好的清选效果，在风机进口设置调节风门以改变进风口的面积大小，从而调节出风口的风速，以达到最优的清选质量，如图 4-2 所示。

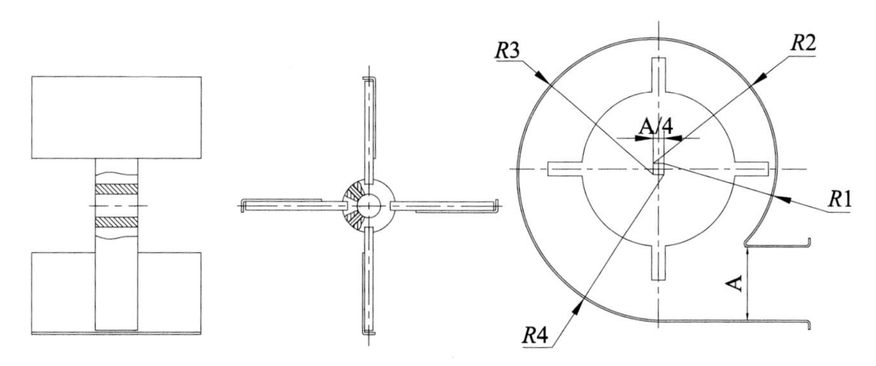

图 4-2　试验台风机二维设计图

Fig. 4-2　2D design of test fan

根据以上设计和计算，利用 Inventor 设计的三维脱壳试验台如图 4-3 所示，试验台试制现场及试验台实物图如图 4-4、图 4-5 所示。

图 4-3　脱壳试验台三维轴测图

Fig. 4-3　Three-dimensional axonometric drawing of the sheller bench

图 4-4　试验台试制现场

Fig. 4-4　Trial production of test bench

图 4-5　脱壳试验台样机

Fig. 4-5　Prototype of sheller test bench

4.1.2　脱壳试验方法

利用上述设计的脱壳试验台对供试的 29 个品种进行脱壳试验，试验方法参照推荐性行业标准 JB/T 5688.2—2007《花生脱壳机作业质量》。为减少试验误差、保证喂料均匀性，采用振动喂料器进行匀速喂料，综合考虑试验台的生产率和试验成本，每个品种试验喂入量保持在试验台设计时的额定生产率。待试验台工作 5 min 处于平稳状态后取样，每次取样不少于 1 000 g，每个品种脱壳试验重复 5 次。取样后，人工进行样品分拣，挑出破碎籽仁、损伤籽仁、未脱花生荚果并称重记录。其中破碎籽仁、损伤籽仁评判标准如下。

破碎籽仁：遭受机械损伤，碎去的部分约达整粒体积 1/5 以上的花生仁及碎渣（图 4-6c、图 4-6d）。

损伤籽仁：碎去部分约小于整粒体积 1/5 以下的花生仁及种皮受到部分或全部损伤的整粒花生仁（图 4-6a、图 4-6b）。

完好花生籽仁：种皮（红衣）和种胚均完好无损的花生籽仁（图 4-6e）。

未脱花生荚果：指经过脱壳滚筒后，花生果壳仍然包覆在籽仁外的花生荚果。

破碎率：破碎花生仁在全部纯仁中所占的比例。

损伤率：损伤花生仁在全部纯仁中所占的比例。

破损率：破碎花生仁及损伤花生仁之和在全部纯仁中所占的比例（破损率等于破碎率及损伤率之和）。

脱净率：机具工作完毕后，剥出纯仁在所得成品中花生仁总质量中所占比例。

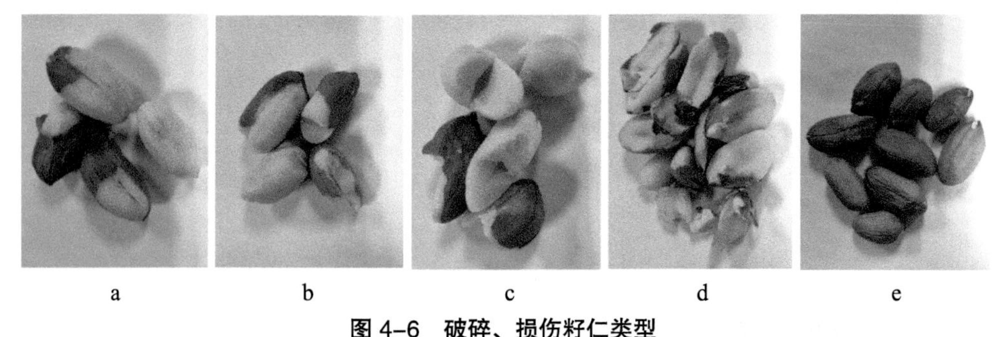

图 4-6　破碎、损伤籽仁类型

Fig. 4-6　Schematic diagram for distinguishing the types of peanut kernels

花生取样后可参照图 4-6 进行不同类型的花生籽仁判别，并按照以下公式进行破损率、脱净率的计算。

脱净率，按式 4-14 计算：

$$B = \frac{W + W_1 + W_2}{W + W_1 + W_2 + W_3} \times 100\% \qquad (4\text{-}14)$$

式中，B 为脱净率，%；W 为完整纯仁重，g；W_1 为破碎仁重，g；W_2 为损伤仁重，g；W_3 为未剥开果的仁重，g。

破碎率按式 4-15 计算：

$$C_1 = \frac{W_1}{W + W_1 + W_2} \times 100\% \quad (4\text{-}15)$$

式中，C_1 为破碎率，%。

损伤率按式 4-16 计算：

$$C_2 = \frac{W_2}{W + W_1 + W_2} \times 100\% \quad (4\text{-}16)$$

式中，C_2 为损伤率，%。

无论是食用、油用花生，还是种用花生，红衣破损、籽仁破坏均会对花生品质造成较大影响。因此，为提高试验结果精度，本试验减少试验响应指标，将破碎率、损伤率合并为破损率进行试验研究与分析，破损率按式 4-17 计算：

$$C = \frac{W_1 + W_2}{W + W_1 + W_2} \times 100\% \quad (4\text{-}17)$$

式中，C 为破损率，%。

以上研究以破损率、脱净率为响应指标进行试验，研究花生生物学、物理特征与破损率、脱净率的关系，以期提出适于低损脱壳的花生品种特征。

4.1.3　数据处理与分析方法

4.1.3.1　脱壳试验结果量化处理

数据处理时，为便于数据分析的量化处理，将花生荚果缩缢特征中的平、浅、中、深分别用 1、2、3、4 表示；将荚果果嘴特征中的无、短、中、锐分别用 1、2、3、4 表示；荚果网纹中的浅、中、深、极深分别用 1、2、3、4 表示；荚果形状的茧形、蜂腰形、普通形分别用 1、2、3 表示；籽仁形状的椭圆形、三角形、圆锥形、圆柱形分别用 1、2、3、4 表示（表 4-1）。

4.1.3.2　破损率、脱净率相关分析和回归分析

由于在统计分析方法中，相关分析和回归分析通常用于研究两个变量间

的关系，但二者侧重点不同：相关分析侧重于两变量间线性关系的强度和影响趋势，两变量均为结果变量，无主次区别；回归分析方法用以探究一个变量是如何随另一个变量变化的方法，可用易测或者可测的变量以预测或判别目标变量（李洁明，2010）。为此，本书采用 IBM SPSS Statistics 25 软件首先对试验荚果进行相关性分析和回归分析（张文彤，2017），以探明不同品种花生物料特征与脱壳作业质量关系。

4.1.3.3 作业质量因子分析方法

因子分析是在 20 世纪由心理学家 Chales Spearman 提出来的，其核心思想是用显在变量，通过具体指标评测抽象因子，该方法的主要目标是用少数几个因子描述多个变量的内在关系（朱红兵等，2023）。因子分析基本方法是根据相关性大小对变量进行分组，使得相关性较高的因子处于同一组内，不同组内的变量相关性较低。分组后的变量各代表一个基本单元，这些基本单元被称作公共因子。因子分析的目的是用较少的因子变量替代原有变量的大部分信息，数学模型如式 4-18 至式 4-20 所示：

$$x_1 = a_{11}F_1 + a_{12}F_2 + \cdots + a_{1m}F_m \tag{4-18}$$

$$x_2 = a_{21}F_1 + a_{22}F_2 + \cdots + a_{2m}F_m \tag{4-19}$$

$$\cdots$$

$$x_p = a_{p1}F_1 + a_{p2}F_2 + \cdots + a_{pm}F_m \tag{4-20}$$

式中，x_1，x_2，⋯，x_p 为 p 个原有变量，是均值为 0、标准差为 1 的标准化变量，F_1，F_2，⋯，F_m 为 m 个因子变量，$m<p$，表示成矩阵形式如式 4-21 所示：

$$X = AF + a\varepsilon \tag{4-21}$$

式中，F 为公共因子，为高维空间中互相垂直的 m 个坐标轴；A 被称作因子载荷矩阵，是第 i 个原有变量在第 j 个因子变量上的负荷（朱红兵等，2023）。

因子载荷 a_{ij} 为第 i 个变量与第 j 个公共因子上的相关系数，表示第 i 个变量在第 j 个公共因子上的重要性（杨维忠等，2022）。

变量共同度通常也被称作公共方差，表示全部公共因子对原有变量 x_i 的总方差的说明解释比重（杨维忠等，2022）。原有变量 x_i 的共同度为因子载荷矩阵 A 中第 i 行元素的平方和，如式 4-22 所示：

$$h_i^2 = \sum_{j=1}^{m} a_{ij}^2 \tag{4-22}$$

因为原有变量 x_i 在标准化的前提下总方差为 1，所以变量共同度越接近 1，表示公共因子解释原变量的信息越多（杨维忠等，2022）。

4.1.3.4　作业质量聚类分析方法

聚类分析的本质就是将性质相近的变量聚在一起，将反应样品或变量性质远近的统计量称作聚类统计量。聚类统计量常用的有距离和相似系数，常用的距离为欧式距离，对于任一两个品种 i 和 k 可定义欧式距离（Euclidean distance），如式 4-23 所示（朱红兵等，2023）：

$$D_{ik} = \sqrt{(X_{i1} - X_{k1})^2 + (X_{i2} - X_{k2})^2 \cdots + (X_{im} - X_{km})^2} = \left[\sum_{j=1}^{m} (X_{ij} - X_{kj})^2\right]^{1/2} \tag{4-23}$$

式中，x_{ij} 和 x_{kj} 分别为第 i 个样品的第 j 个变量和第 k 个样品第 j 个变量值。为消除因指标量纲不同造成的影响，在解析样品距离前通常需要指标标准化，通常需要把观察值标准化为标准值，如式 4-24 所示：

$$X'_{ij} = (X_{ij} - \bar{X}_j)\ /S_j \tag{4-24}$$

式中，$\bar{X}_j$ 和 S_j 分别为第 j 个变量的样本均值、标准差，标准化后的指标均数为 0，标准差为 1。聚类分析时采用标准化值。

K 均值聚类由于计算量小，常用于对样品进行快速聚类分析。本书采用 K 均值聚类方法进行聚类分析。其基本思想是：n 个参与聚类的数值型变量构成一个 n 维空间，每个样品为空间中的一个点，最后要求的分类数为 K。首先选择 K 个点作为初始类中心凝聚点，再根据聚类中心最小欧式距离原则将其他样品表示的点凝集到类中心，初步得到一个分类方案后并计算该方案的中心位置，并利用计算出的该位置再次聚类至凝聚点位置几乎无变化为止，SPSS 中软件界面设置如图 4-7 所示。

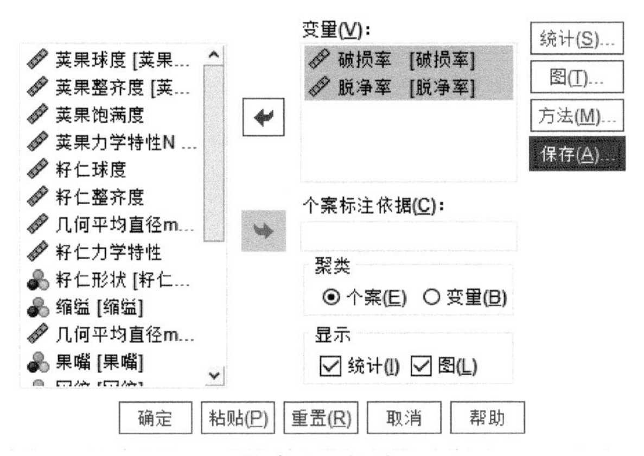

图 4–7　聚类分析软件设置界面

Fig. 4-7　Software setting of cluster analysis

4.1.3.5　作业质量判别分析方法

聚类分析和判别分析是将研究变量进行分类的分析方法，二者的区别是：聚类分析对待研究的对象的类别是未知的，需要通过研究目标本身的信息，借助统计分析方法进行分类决策，探明研究对象的所属类别；判别分析则是已知研究对象类别，根据研究对象的信息构建判别函数，利用构建的判别函数判断未知类别所属种类（张文彤，2017）。

本书中，对脱壳作业质量分类是不清楚的，所以在实际分析中先对脱壳作业质量进行聚类分析，然后进行判别分析并构建判别函数，为品种选育专家提供适于低损脱壳品种的判别依据，缩短育种周期、加快育种速度。考虑到荚果、籽仁部分变量可能存在较强的相关关系，故将荚果、籽仁原有变量采用因子分析方法做降维处理，将变量中信息重叠部分提取为综合因子，进而最终实现减少变量个数。

常用的判别分析的方法有 Fisher 判别分析、Bayes 判别分析、距离判别分析、最大似然判别分析和逐步判别分析等（张文彤，2017），本书采用的判别分析方法为 Fisher 判别分析。在判别分析后对判别函数进行优劣评价，回代考核、前瞻性考核以及刀切法为常用的评价方法。本书采用回代考核对判别函数的质量进行判定，其核心思想为将训练样本代入已得到的判别函数，比对原始结果和判别结果的符合程度评价判别函数的优劣，通常情况下符合程度大于 80% 时可认为判别函数的判别效果较好。

判别分析首先需要对研究的对象进行分类，然后选择若干对观测对象能够较全面描述的变量，接着按照一定的判别标准建立一个或多个判别函数，使用研究对象的大量资料确定判别函数中的待定系数来计算判别指标。对一个未确定类别的个案只要将其代入判别函数就可以判断它属于哪一类总体。本次判别分析（LDA）对 29 组数据进行研究，选择数据中前 90% 作为训练集，用于训练拟合判别分析模型；余下 10% 作为测试集，用于验证模型的有效性。首先建立判别函数（即数学表达式），类别大于 2 时，每个类别均会对应一个表达式；类别等于 2 时，仅会提供一个表达式；结合判别函数和判别特征（自变量 X），可计算得到判别分类结果，用于判别应该属于哪个类别，每个类别均会对应一个表达式，如图 4-8 所示。

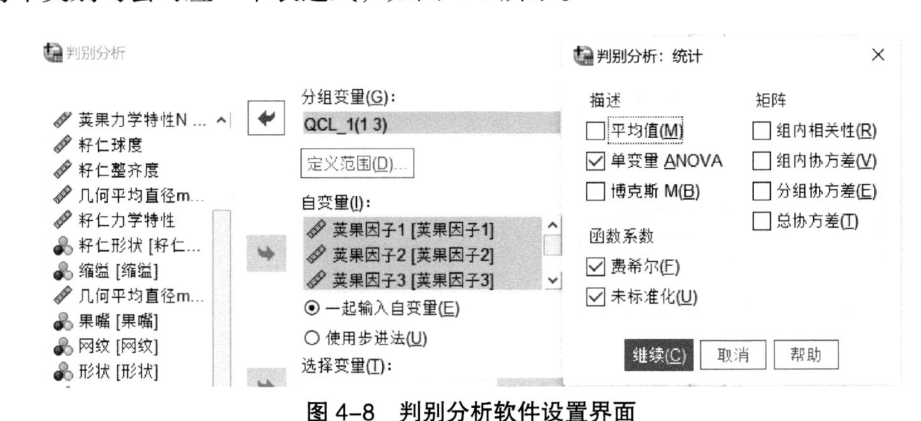

图 4-8　判别分析软件设置界面

Fig. 4-8　Software setting ofdiscriminance analysis

4.2　结果与讨论

4.2.1　脱壳试验结果与讨论

数据量化处理结果及试验结果见表 4-1。由表可看出 29 个品种脱壳作业质量差异显著，破损率为 1.47%～30.65%，脱净率为 80.1%～99.59%，以虔油 1 号脱壳破损率最低、豫花 65 号破损率最高，阜花 12 号脱净率最低，临花 18 号脱净率最高，也进一步说明了脱壳作业质量受品种特征影响较大，需要进一步研究相关影响规律。

表 4–1 脱壳试验结果

Tab. 4–1 Results of shelling test

序号	品种名称	荚果特征									籽仁特征					作业质量	
		球度 / %	整齐度 / %	饱满度 / %	力学特性 / N	缩缢	几何平均直径 / mm	果嘴	网纹	形状	球度 / %	整齐度 / %	平均直径 / mm	力学特性 / N	籽仁形状	破损率 / %	脱净率 / %
1	虔油 1 号	50	8.52	35.08	69.53	4	16.83	2	4	1	78	13.19	12.18	74.98	1	1.47	84.10
2	308	52	8.53	35.06	66.79	4	17.30	1	1	1	74	11.43	10.37	72.85	1	2.65	86.30
3	湘黑小果	62	11.23	35.65	45.54	4	16.46	3	2	3	71	10.47	10.33	71.19	1	3.27	98.78
4	豫花 22 号	65	10.16	36.10	43.80	4	21.00	3	5	3	70	10.19	11.88	70.88	1	4.38	93.78
5	烟农花 10 号	67	11.94	36.37	47.20	3	21.25	3	5	3	69	9.86	11.45	69.81	1	4.93	97.37
6	花育 23 号	67	11.95	36.38	44.08	3	15.95	2	2	2	67	9.15	10.71	67.21	3	4.95	95.65
7	湛油 75	65	12.42	36.38	45.04	3	18.92	2	1	3	68	9.35	10.93	67.81	3	4.94	94.51
8	临花 18 号	68	11.04	52.38	41.99	2	22.66	2	1	3	50	5.70	8.66	48.21	2	19.95	99.59
9	粤油 901	59	9.16	36.57	43.22	3	20.58	2	4	3	68	8.86	9.95	66.11	2	5.30	91.07
10	豫航花 1 号	59	9.62	36.91	54.89	3	16.32	2	1	3	68	8.40	9.88	65.91	3	5.89	91.52
11	开农 1715	61	10.12	42.13	53.03	3	19.84	1	4	3	56	6.88	10.06	55.21	2	11.96	92.28
12	开农 1760	61	10.35	41.75	58.76	3	23.11	3	2	1	58	6.55	11.43	56.81	2	11.61	92.32
13	花育 9111	61	9.17	39.44	55.07	3	20.50	2	5	3	56	7.92	11.41	56.31	3	9.24	91.42
14	湘花 2008	66	12.23	52.75	45.54	2	21.35	2	1	3	48	5.64	11.75	47.11	3	20.20	97.78
15	宁泰 9922	63	11.23	40.56	46.11	3	20.92	3	4	3	56	7.49	8.85	57.31	3	10.44	95.54

续表

序号	品种名称	荚果特征									籽仁特征					作业质量	
		球度/%	整齐度/%	饱满度/%	力学特性/N	缩缢	几何平均直径/mm	果嘴	网纹	形状	球度/%	整齐度/%	平均直径/mm	力学特性/N	籽仁形状	破损率/%	脱净率/%
16	徐花13号	61	11.88	40.66	56.11	3	18.82	2	4	3	54	7.12	8.02	56.91	3	10.54	93.32
17	开农111	62	11.23	38.63	45.54	1	18.37	1	3	3	62	8.00	10.83	60.81	1	8.30	90.78
18	皖花17	65	10.16	38.56	43.80	3	15.63	1	5	3	63	8.24	10.02	61.31	3	8.21	93.78
19	天府22	64	12.59	55.98	44.00	2	20.64	1	5	3	44	5.52	10.19	46.10	2	22.37	90.53
20	开农308	58	8.03	36.51	67.35	4	18.32	3	4	3	67	8.93	12.62	66.21	1	5.18	85.58
21	天府26	62	11.23	40.33	45.54	2	21.66	1	5	3	66	7.65	10.67	55.31	3	10.20	97.78
22	贺油16	65	10.16	44.12	63.80	1	20.58	3	2	1	55	6.26	11.53	53.61	3	13.72	92.88
23	阜花12号	50	8.52	46.96	69.53	4	22.26	2	1	3	49	5.89	11.95	51.21	3	16.01	80.10
24	海花1号	52	8.53	47.96	67.79	4	19.90	2	5	3	48	5.78	10.38	50.91	3	16.77	83.30
25	中花21号	65	12.42	55.00	65.04	2	16.70	4	2	3	46	5.52	9.99	46.30	3	21.72	93.51
26	云花生3号	66	12.18	52.21	47.13	2	22.19	2	1	3	43	5.67	8.19	49.63	3	19.83	93.38
27	丰花1号	50	8.52	42.19	69.53	4	17.57	2	4	3	62	6.78	8.08	52.31	4	12.02	83.10
28	冀农花12号	52	8.53	68.16	68.79	4	19.38	3	1	3	42	5.42	8.42	45.26	3	29.97	84.30
29	豫花65号	50	8.52	69.30	69.53	4	17.70	2	4	3	41	5.33	9.89	45.10	3	30.65	83.40

4.2.2 作业质量与品种特征相关分析结果与讨论

对试验结果进行相关性分析，分析结果见表 4-2、表 4-3。

（1）荚果、籽仁特征和破损率的相关性结果讨论

通过相关性分析可知，破损率和荚果的球度、整齐度、饱满度、力学特性、几何平均直径，籽仁球度、整齐度、力学特性、几何平均直径、形状，荚果果嘴、网纹、形状、缩缢这 14 个荚果、籽仁的特征的相关系数分别为 -0.13、0.036、0.985、0.256、-0.396、-0.941、-0.867、-0.928、0.277、0.477、0.088、-0.185、0.277、-0.175。由表 4-2 可知，籽仁破损率与荚果整齐度、荚果饱满度、荚果力学特性、籽仁几何平均直径、荚果果嘴、荚果形状正相关，也即破损率随这些指标数值的变大而上升；破损率与荚果球度、荚果几何平均直径、籽仁球度、籽仁整齐度、籽仁力学特性、荚果网纹、缩缢负相关，即破损率随这些指标数值的变大而降低。

由表 4-2 中的相关系数的显著性可看出破损率与荚果饱满度，籽仁球度、籽仁整齐度、籽仁力学特性的相关系数均大于 0.8，即表明破损率与这些特征高度相关；破损率与荚果球度、整齐度、力学特性、果嘴、网纹、形状、缩缢相关系数小于 0.3，即破损率与这些特征相关度低或不相关。

（2）荚果、籽仁特征和脱净率相关性结果讨论

通过相关性分析可知，脱净率和荚果的球度、整齐度、饱满度、力学特性、几何平均直径，籽仁球度、整齐度、力学特性、几何平均直径、形状，荚果果嘴、网纹、形状、缩缢这 14 个荚果、籽仁的生物学指标的相关系数分别为 0.896、0.855、-0.191、-0.876、-0.035、0.073、0.002、0.059、0.198、-0.183、-0.071、-0.007、0.187、-0.693。由表 4-3 亦可知，脱净率与荚果球度、整齐度，籽仁球度、整齐度、力学特性、几何平均直径，荚果网纹正相关，也即脱净率随这些指标数值的变大而上升；脱净率与荚果饱满度、力学特性、几何平均直径、缩缢、果嘴、形状，籽仁形状负相关，即脱净率随这些指标数值的变大而降低。

表 4–2　荚果特征、籽仁特征和破损率的相关性分析

Tab. 4–2　Correlation analysis of pod characteristics, kernel characteristics, and damage rate

参数	破损率	荚果球度	荚果整齐度	荚果饱满度	荚果力学特性	荚果几何平均直径	籽仁球度	籽仁整齐度	籽仁力学特性	籽仁几何平均直径	籽仁形状	荚果果嘴	荚果网纹	荚果形状	缩缢
破损率	1														
荚果球度	−0.130	1													
荚果整齐度	0.036	0.827**	1												
荚果饱满度	0.985**	−0.187	−0.010	1											
荚果力学特性	0.256	−0.808**	−0.700**	0.288	1										
荚果几何平均直径	−0.396*	0.025	−0.152	−0.370*	0.073	1									
籽仁球度	−0.941**	0.013	−0.132	−0.885**	−0.178	0.396*	1								
籽仁整齐度	−0.867**	−0.059	−0.146	−0.770**	−0.111	0.404*	0.930**	1							
籽仁力学特性	−0.928**	0.040	−0.101	−0.853**	−0.190	0.411*	0.948**	0.961**	1						
籽仁几何平均直径	0.277	0.225	0.157	0.196	−0.212	0.067	−0.370*	−0.415*	−0.376*	1					
籽仁形状	0.477**	−0.067	0.060	0.399*	0.150	−0.461*	−0.527**	−0.630**	−0.620**	0.017	1				
荚果果嘴	0.088	0.121	0.036	0.112	0.232	0.102	−0.082	−0.051	−0.004	0.069	−0.030	1			
荚果网纹	−0.185	−0.046	−0.133	−0.202	−0.089	0.121	0.155	0.155	0.109	−0.010	−0.130	−0.170	1		
荚果形状	0.277	0.164	0.202	0.244	−0.332	−0.330	−0.329	−0.363	−0.320	0.069	0.245	−0.050	0.227	1	
缩缢	−0.175	−0.670**	−0.650**	−0.087	0.474**	0.058	0.258	0.363	0.328	−0.290	−0.130	0.147	0.143	0	1

注：对角线以下为各指标间相关系数，* 表示显著（$P<0.05$），** 表示极显著（$P<0.01$），相关系数小于 0.3 为不相关，在 0.3～0.5 之间为低相关，在 0.5～0.8 之间为中等相关，大于 0.8 为高相关。

表 4–3　荚果特征、籽仁特征和脱净率指标的相关性分析

Tab. 4–3　Correlation analysis of pod characteristics, kernel characteristics, and SE

参数	脱净率	荚果球度	荚果整齐度	荚果饱满度	荚果力学特性	荚果几何平均直径	籽仁球度	籽仁整齐度	籽仁力学特性	籽仁几何平均直径	籽仁形状	缩缢	荚果果嘴	荚果网纹	荚果形状
脱净率	1														
荚果球度	0.896**	1													
荚果整齐度	0.855**	0.827**	1												
荚果饱满度	0.191	−0.187	−0.010	1											
荚果力学特性	−0.876**	0.808**	−0.703**	0.288	1										
荚果几何平均直径	−0.035	0.025	−0.152	−0.370*	0.073	1									
籽仁球度	0.073	0.013	−0.132	−0.885**	−0.178	0.396*	1								
籽仁整齐度	0.002	−0.059	−0.146	−0.773**	−0.111	0.404*	0.929**	1							
籽仁力学特性	0.059	0.040	−0.101	−0.853**	−0.190	0.411*	0.948**	0.961**	1						
籽仁几何平均直径	0.198	0.225	0.157	0.196	−0.212	0.067	−0.370*	−0.415*	−0.376*	1					
籽仁形状	−0.183	−0.067	0.060	0.399*	0.150	−0.461*	−0.530**	−0.630**	−0.620**	0.017	1				
缩缢	−0.071	0.121	0.036	0.112	0.232	0.102	−0.082	−0.051	−0.004	0.069	−0.026	1			
荚果果嘴	−0.007	−0.046	−0.133	−0.202	−0.089	0.121	0.155	0.155	0.109	−0.012	−0.132	−0.172	1		
荚果网纹	0.187	0.164	0.202	0.244	−0.332	−0.330	−0.329	−0.363	−0.320	0.069	0.245	−0.048	0.227	1	
荚果形状	−0.693**	−0.670**	−0.649**	−0.087	0.474**	0.058	0.258	0.363	0.328	−0.288	−0.128	0.147	0.143	0	1

注：对角线以下为各指标间相关系数，* 表示显著（$P<0.05$），** 表示极显著（$P<0.01$），相关系数小于 0.3 为不相关，在 0.3～0.5 之间为低相关，在 0.5～0.8 之间为中等相关，大于 0.8 为高相关。

由表 4-3 相关性分析可看出脱净率与荚果球度、整齐度、力学特性的相关系数均大于 0.8，表明脱净率与这些特征高度相关；脱净率与荚果饱满度、几何平均直径、缩缢、果嘴、网纹、形状，籽仁球度、整齐度、力学特性、几何平均直径的相关系数小于 0.3，也即脱净率与这些特征相关度低或不相关。

以上判断分析可为适于低损脱壳的品种筛选提供参考，为提升花生脱壳作业质量及技术装备水平提供理论依据。

4.2.3　作业质量与品种特征回归分析结果与讨论

（1）荚果特征、籽仁特征和破损率的回归分析结果讨论

通过对表 4-1 的试验结果进行分析并结合表 4-2 的相关分析结果，选择与破损率相关性较高的荚果特征、籽仁特征构建多元线性回归模型以进一步分析其对破损率的影响规律，分析结果见表 4-4。本节构建的荚果特征和籽仁特征中各指标与破损率预测模型的 F 值为 7 885.446，模型通过 F 检验（P=0.000＜0.05），表明预测模型合理。

预测变量中荚果饱满度的 t 检验水平为 51.172，相应 t 检验的 P 值小于 0.05，且荚果饱满度效应值为 0.598，说明荚果饱满度与花生的破损率之间呈显著正向预测关系，即说明荚果饱满度越大，破损率水平越高；籽仁整齐度 t 检验水平为 −3.976，对应的 t 检验的 P 值小于 0.05，且籽仁整齐度效应值为 −0.367，说明籽仁整齐度与破损率之间呈负向预测关系，即说明籽仁整齐度越大，破损率水平越低；籽仁球度的 t 检验水平为 −2.207，对应的 t 检验的 P 值小于 0.05，且籽仁球度效应值为 −3.622，说明籽仁球度与破损率间呈负向预测关系，即说明籽仁球度越大，破损率水平越低；籽仁力学特性 t 检验水平为 −7.097，对应的 t 检验的 P 值小于 0.05，且籽仁参数的力学特性效应值为 −0.159，说明籽仁力学特性与破损率之间呈负向预测关系，即说明籽仁力学特性越大，破损率水平越低。

表 4-4　破损率线性回归分析结果

Tab. 4-4　Linear regression analysis results of mechanical damage rate

项目	非标准化系数		标准化系数	t	P	VIF
	B	标准误	Beta			
常数	−0.037	1.337	—	−0.028	0.978	-
籽仁球度	−3.622	1.641	−0.048	−2.207	0.037*	15.236
籽仁整齐度	−0.367	0.092	−0.094	−3.976	0.001**	17.709
籽仁力学特性	−0.159	0.022	−0.187	−7.097	0.000**	21.900
荚果饱满度	0.598	0.012	0.709	51.172	0.000**	6.067

项目	系数
R^2	0.999
调整 R^2	0.999
F	F（4, 24）=7 885.446，P=0.000
D-W 值	2.345

由回归分析可得破损率的回归方程为：

$$Y = -0.037 - 3.622 \times 籽仁球度 - 0.367 \times 籽仁整齐度 - 0.159 \times 籽仁力学特性 + 0.598 \times 荚果饱满度$$

由回归分析可进一步判定破损率受籽仁球度、籽仁整齐度、籽仁力学特性、荚果饱满度影响较大，籽仁球度、籽仁整齐度、籽仁力学特性数值越大，破损率越低，荚果饱满度数值越大，破损率越高。

因此，为降低破损率，在品种选育时应在综合考虑高产、高油、高油酸的同时，还应考虑籽仁和荚果特征，应以籽仁球度大、整齐度高、力学特性高、饱满度适当低为目标。

（2）荚果特征、籽仁特征和脱净率的回归分析结果讨论

通过对表 4-1 的试验结果进行分析并结合表 4-3 的相关分析结果，选择与脱净率相关性较高的荚果特征、籽仁特征构建多元线性回归模型以进一步分析其对脱净率的影响规律，分析结果见表 4-5。本书构建荚果、籽仁特征与脱净率预测模型 F 值为 44.444，模型通过 F 检验（$P = 0.000 < 0.05$），即说明预测模型合理，且模型拟合优度调整后的 R-squared 为 0.903，表明模型拟

合精度高。

预测变量中荚果力学特性的 t 检验水平为 -3.303，对应的 t 检验的 P 值小于 0.05，且荚果力学特性效应值为 -0.105，说明荚果力学特性与脱净率间呈负向预测关系，即说明荚果力学特性越大，脱净率水平越低；荚果球度的 t 检验水平为 1.731，对应的 t 检验的 P 值小于 0.1，且荚果参数的球度效应值为 23.358，说明荚果球度与花生的脱净率之间呈正向预测关系，即说明花生的荚果球度越大，脱净率水平越高；荚果整齐度的 t 检验水平为 2.051，对应的 t 检验的 P 值小于 0.1，且荚果参数的整齐度效应值为 1.012，说明荚果整齐度与脱净率之间呈正向预测关系，即说明荚果整齐度越大，脱净率越高。

表 4-5　脱净率线性回归分析结果

Tab. 4-5　Linear regression analysis results of SE

项目	非标准化系数		标准化系数	t	P	VIF
	B	标准误	Beta			
常数	74.428	8.722	—	8.533	0.000**	-
荚果球度	28.532	12.753	0.305	2.237	0.034*	4.674
荚果整齐度	1.166	0.418	0.315	2.792	0.010**	3.206
荚果力学特性	-0.215	0.057	-0.408	-3.792	0.001**	2.912

项目	系数
R^2	0.901
调整 R^2	0.889
F	$F(3, 25) = 75.445, P = 0.000$
D-W 值	2.152

由分析可得脱净率的回归方程为：

$$W = 74.428 + 28.532 \times \text{荚果球度} + 1.166 \times \text{荚果整齐度} - 0.215 \times \text{荚果力学特性}$$

由回归分析可进一步判定脱净率受荚果球度、荚果整齐度、荚果力学特性影响较大，受籽仁参数影响较小，且由回归方程可知：荚果球度越大、整齐度越高，脱净率越高，力学特性数值越大，脱净率越低。

因此，为提升脱净率，在品种选育时还应以适于机械化脱壳为目标，综合考虑籽仁和荚果特征，应以荚果球度大、整齐度高、果壳破损力低为目标进行品种选育，以提升脱壳作业质量。

4.2.4 作业质量因子分析结果与讨论

作业质量因子分析结果见表 4-6、表 4-7，根据旋转后第一主载荷因子绝对值大于 0.6 的可聚为一个共同因子，将荚果所有的因子聚为 4 个共同因子，籽仁的所有因子聚为 1 个共同因子，将荚果因子 1、荚果因子 2、荚果因子 3、荚果因子 4 分别用 x_1、x_2、x_3、x_4 表示，籽仁因子用 x_5 表示。因此，根据荚果、籽仁与作业质量的相关性，通过因子分析将试验的所有因子简化为 5 个主因子：x_1 为主因子的代表指标为荚果球度、整齐度、力学特性、缩缢，定义为荚果因子 1；x_2 为主因子的代表指标为荚果饱满度、几何平均直径，定义为荚果因子 2；x_3 为主因子的代表指标为荚果网纹和形状，定义为荚果因子 3；x_4 为主因子的代表指标为荚果果嘴，定义为荚果因子 4；x_5 为主因子的代表指标为籽仁球度、整齐度、力学特性、形状，定义为籽仁因子 1。

表 4-6 旋转后荚果因子载荷系数表

Tab. 4-6 Table of pod factor load coefficients after rotation

项目	因子载荷系数				共同度（公因子方差）
	因子 1	因子 2	因子 3	因子 4	
荚果球度	0.952				0.945
荚果整齐度	0.913				0.854
荚果力学特性	−0.852				0.862
缩缢	−0.775				0.731
荚果饱满度		0.806			0.725
几何平均直径		−0.793			0.670
荚果网纹			0.784		0.715
荚果形状			0.704		0.821
荚果果嘴				0.974	0.958

表 4–7　旋转后籽仁因子载荷系数表

Tab. 4–7　Table of kernel factor load coefficients after rotation

项目	因子载荷系数	共同度（公因子方差）
	因子 1	
籽仁球度	0.949	0.900
籽仁整齐度	0.979	0.958
籽仁力学特性	0.976	0.953
籽仁形状	−0.691	0.477
几何平均直径	−0.455	0.207

4.2.5　聚类分析结果与讨论

对试验数据进行聚类分析，聚类分析结果见表 4–8，根据结果可知：K 均值聚类将参试的花生品种分成 3 大类，第一类包含 5 个品种，第二类包含 5 个品种，第三类包含 19 个品种。

表 4–8　旋转后籽仁因子载荷系数表

Tab. 4–8　Table of kernel factor loading coefficient after rotation

序号	聚类类别	距离	序号	聚类类别	距离	序号	聚类类别	距离
1	3	10.585	11	3	4.792	21	3	5.644
2	3	8.100	12	3	4.440	22	3	6.501
3	3	7.011	13	3	2.557	23	1	5.200
4	3	2.949	14	2	1.192	24	1	4.314
5	3	4.945	15	3	4.109	25	2	3.372
6	3	3.499	16	3	3.337	26	2	3.518
7	3	2.742	17	3	5.892	27	1	9.065
8	2	2.961	18	3	1.268	28	1	8.949
9	3	2.713	19	2	3.179	29	1	9.567
10	3	1.980	20	3	7.683			

4.2.6 作业质量判别分析结果与讨论

本次判别分析共针对 29 组数据进行研究，选择数据中前 80.00% 即 23 个数据作为训练集，用于训练拟合判别分析模型，余下 6 个数据作为训练集，用于验证模型有效性。表 4-9 为各类判别函数的系数，表 4-10 展示训练集即 23 个样本数据的预测准确率，由表 4-10 可以看出整体正确率为 92.133%，并且各个类别的正确率均高于 90%。除此之外，整体召回率为 91.304%，类别 1 和类别 2 的召回率均高于 90%，类别 2 对应的召回率偏低。除此之外，类别 1 和类别 2 的 F 值也均高于 90%，类别 2 的 F 值偏低。整体上训练集数据中类别 1 和类别 3 的模型拟合非常好，类别 2 的模型拟合相对较好。

得到各分类判别函数如下：

$$类别\ 1 = -5.244 + 0.321x_1 - 0.057x_2 + 0.250x_3 - 1.988x_4 - 1.220x_5$$

$$类别\ 2 = -2.783 - 0.058x_1 - 0.365x_2 + 0.392x_3 + 0.842x_4 - 0.110x_5$$

$$类别\ 3 = -0.479 - 0.162x_1 - 0.029x_2 - 0.631x_3 + 0.478x_4 + 0.324x_5$$

表 4-9 各分类判别函数系数表

Tab. 4-9 Discriminant functions for each classification

项目	类别 1	类别 2	类别 3
截距	−5.244	−2.783	−0.479
荚果因子 1	0.321	−0.058	−0.162
荚果因子 2	−0.057	−0.365	−0.029
荚果因子 3	0.250	0.392	−0.631
荚果因子 4	−1.988	0.842	0.478
籽仁因子 1	−1.220	−0.110	0.324

表 4–10　训练集预测的准确率

Tab. 4–10　Accuracy of training set prediction

项目	样本量 / 个	正确率 /%	召回率 /%	*F* 值 /%
类别 1	1	100.000	100.000	100.000
类别 2	3	100.000	33.333	50.000
类别 3	19	90.476	100.000	95.000
汇总	23	92.133	91.304	91.717

4.3 本章小结

本章通过试验研究及数据分析获取了适于机械化低损伤脱壳的品种主要特征，可概括为：荚果及籽仁球度大、整齐度高、荚果果壳破损力较小、籽仁压缩破损力较大、荚果饱满度适中，为适于机械化低损脱壳品种选育提供方向，为促进花生产业农机农艺深入融合提供支撑。相关研究结论如下。

第一，设计并试制了小型花生脱壳试验装置。为研究花生荚果、籽仁特征对脱壳作业质量的影响规律，便捷、高效、低成本地开展试验，本书通过设计计算首先构建小型花生脱壳试验台，该试验台具有参数可调、部件可换、用料少、操作便捷、方便清理等特点，为多品种花生高质量脱壳试验提供了有力装备支撑。

第二，完成了我国花生主要产区主推品种脱壳试验。对从国家花生产业技术体系各试验站属地征集的花生品种进行了试验研究，获取了 29 个品种脱壳试验结果，为数据分析提供了基础。

第三，研究获取了影响脱壳质量的主要品种特征，为适于机械化低损脱壳品种选育提供了方向。获取了影响破损率、脱净率的主要因素：荚果饱满度、籽仁球度、籽仁整齐度、籽仁力学特性、籽仁形状、荚果几何平均直径；荚果球度、整齐度、力学特性、荚果形状。破损率回归方程为：

$Y = -0.037 - 3.622 \times$ 籽仁球度 $- 0.367 \times$ 籽仁整齐度 $- 0.159 \times$ 籽仁力学特性 $+ 0.598 \times$ 荚果饱满度，可知籽仁球度、籽仁整齐度、籽仁力学特性数值越大，破损率越低，荚果饱满度数值越大，破损率越高，对破损率影响的主次顺序依次为：籽仁球度、荚果饱满度、籽仁整齐度、籽仁力学特性；脱净率回归方程为：$W = 74.428 + 28.532 \times$ 荚果球度 $+ 1.166 \times$ 荚果整齐度 $- 0.215 \times$ 荚果力学特性，可知荚果球度越大、整齐度越高脱净率越高，力学特性数值越大，脱净率越低，对脱净率影响的主次顺序依次为：荚果球度、荚果整齐度、荚果力学特性。因此，综合考虑破损率、脱净率，全面提升脱壳作业质量，应系统考虑荚果、籽仁特征，以荚果及籽仁球度大、整齐度高、果壳破损力小、籽仁破损力大、荚果饱满度适中为目标进行适于机械化脱壳的品种选育。

第四，构建了适于机械化低损脱壳的品种判别函数，为已选育品种的低损脱壳特性判别提供依据。构建的判别函数为：

$$\text{类别 }1 = -5.244 + 0.321x_1 - 0.057x_2 + 0.250x_3 - 1.988x_4 - 1.220x_5$$
$$\text{类别 }2 = -2.783 - 0.058x_1 - 0.365x_2 + 0.392x_3 + 0.842x_4 - 0.110x_5$$
$$\text{类别 }3 = -0.479 - 0.162x_1 - 0.029x_2 - 0.631x_3 + 0.478x_4 + 0.324x_5$$

这些判别函数有极高的判别准确性，正确判别率达到 92.133%（建模样本），可以用建立的判别函数对育种专家选育的品种或现有品种进行低损脱壳适宜性评价，为育种专家新品种选育提供参考和借鉴。

第五章

创新点及研究展望

本书立足我国国情和花生生产实际，针对现有脱壳技术破损率高、作业质量差、损失大等难题，以降低破损率、提升脱净率为目标，全面系统梳理对作业质量可能产生影响的因素，从品种特征、机械力学特性等方面开展数据分析及相关研究，初步探明了适于机械化脱壳的花生品种特征。

（1）选择主要产区主推品种29个，获取了生物学、物理及机械力学特性对作业质量的影响规律。具体如下：①不同品种荚果、籽仁压缩力学特性差异较大，同一品种压缩力学特性亦差异悬殊，但均以Y向压缩破损力最大，荚果X向压缩破损力最小；②荚果饱满度测试表明，饱满度一半集中在40%～55%，1个品种饱满度为30%～35%，2个品种饱满度在65%～70%；③花生各部分含水率均呈现出果壳＞荚果＞籽仁的规律，荚果含水率6.65%～9.33%，果壳含水率8.52%～11.09%；籽仁含水率5.86%～7.56%；④荚果、籽仁各向力学特性随含水率增加不断上升，果壳含水率超过18%时，压缩破损力显著增加，此时果壳难以破碎致使脱净率降低，籽仁抗压缩力亦随含水率上升呈现增加趋势，籽仁含水率提升可有效降低破损，该研究为脱壳作业质量改善提供了思路；⑤荚果、籽仁第一裂纹平均位移均值分别为 2.52 mm、1.90 mm；⑥研究获取了花生摩擦系数、碰撞恢复系数、泊松比、弹性模量等关键物料特性参数，为离散元模型构建及仿真分析提供了参数依据；⑦构建了主要产区主推品种基本特征数据库，为科研工作者数据分析、数学建模等研究提供参考依据。

（2）获取了适于低损脱壳品种特征，为农机农艺融合、低损机械脱壳品种选育提供了方向。主要结论如下：①破损率与荚果饱满度，籽仁球度、整齐度、力学特性高度相关，与荚果球度、整齐度、力学特性、果嘴、网纹、形状、缩缢相关度低；②脱净率与荚果球度、整齐度、力学特性高度相关，与荚果饱满度、几何平均直径、缩缢、果嘴、网纹、形状，籽仁球度、整齐度、力学特性、几何平均直径的相关度低；③构建了破损率回归方程，由回归方程可知籽仁球度、籽仁整齐度、籽仁力学特性数值越大，破损率越低，荚果饱满度数值越大，破损率越高；④构建了脱净率回归方程，由回归方程可知荚果球度越大、整齐度越高脱净率越高，力学特性数值越大，脱净率越低；⑤构建了适于低损脱壳品种的判定函数为判定现有品种是否适于低损脱壳提供依据；⑥初步提出适于机械化低损脱壳的品种特征，荚果及籽仁球度大、整齐度高、荚果果壳破损力小、籽仁破损力大、荚果饱满度适中，为低损机械化脱壳品种选育提供了方向。

5.1 创新点

本书以提升花生脱壳质量为目标，首次采用系统化的思维模式，从对脱壳质量产生影响的品种特征、机械力学特性、收获及干燥方式、低损脱壳及振动分选机理、关键部件设计及优化、技术集成等方面开展系统研究及试验验证，取得以下创新成果：构建了主产区主要品种基础特征数据库 1 套；首次初步提出了适于机械化低损脱壳的品种特征；提出了果壳、籽仁含水率差异化脱壳技术、创制一种基于弹簧钢及柔性材质的关键部件并优化获取最优参数，破解了破损率高的技术难题；设计并仿真优化风 - 振动分选系统，实现了荚果、籽仁的双向运动，为未脱荚果分选提供技术条件，破解了脱净率低的技术难题。创新点具体如下。

（1）构建了主要产区主推品种的品种特征数据库

依托国家花生产业技术体系征集了主要产区主要品种 29 个，获取对脱壳质量可能造成影响的生物学特性，荚果果壳、籽仁生长发育特点、基本特征，物理特性、机械力学特性及其变化规律，基于以上研究内容首次构建了我国主要产区 29 个主要品种花生基本特征数据库，包括主产区主要品种基础特征数据近 3 000 条，该数据库可为育种、栽培、脱壳设备研发等研究提供参考借鉴。

（2）提出了适于机械化低损脱壳的品种特征

针对我国花生农机农艺融合水平低、适于低损脱壳的品种特征研究缺失问题，选取每个品种荚果、籽仁基本特征共 14 个，系统开展了 29 个花生品种基本特征与作业质量关系的数据处理和分析，获取了荚果、籽仁基础特征对作业质量的影响机制，并构建了相关判别函数。基于以上研究初步提出了适于机械化低损脱壳的品种特征，该技术为适于机械化低损脱壳的品种选育提供了方向，为提升我国花生农机农艺融合水平，促进花生产业稳定健康发展奠定了基础。

（3）解析了脱壳机理，设计并优化基于弹簧钢的柔性脱壳部件，提出了果壳、籽仁含水率差异化脱壳方法及参数，有效降低脱壳损伤

针对脱壳破损率高的问题，解析低损脱壳机理，获取机械损伤发生时的相对临界速度及影响因素：花生质量及弹性模量、三轴尺寸、屈服极限、脱壳部件弹性模量、脱壳部件与花生接触的最大、最小曲率半径；获取了分离系数及影响参数：凹板筛栅条间距及圆钢直径、滚筒直径、喂入量、滚筒长度等；结合干燥工艺曲线，创新提出了果壳、籽仁含水率差异化脱壳方法，有效降低脱壳损伤；获取柔性材料作为关键部件对作业质量的影响规律，并研究其耐磨特性，创制了一种基于弹簧钢、柔性耐磨材料的关键部件，实现柔性脱壳；采用多目标优化方法获取了籽仁含水率、滚筒线速度、弹簧钢厚度、聚氨酯硬度的最优参数，并试验验证了结果的准确性，显著降低脱壳损伤率。

（4）设计并优化了振动分选机构，破解破损率和脱净率的矛盾，全面提升作业质量

针对脱净率的问题，对风－振动组合式分选系统进行了机理解析，创制了可实现荚果、籽仁双向运动的振动分选系统，并采用 Fluent-EDEM 耦合仿真分析，解析了荚果、籽仁运动规律，利用多目标优化方法获取了最优作业参数，有效实现了未脱荚果、已脱壳籽仁的高效分离，为未脱荚果复脱提供了技术手段，为提升脱净率提供了支撑，有效破解花生脱壳破损率、脱净率“此消彼长”的难题，显著提升花生脱壳作业质量。

5.2 研究展望

（1）扩大试验研究范围，构建更完善的花生数据库

本书虽研究了主要产区主推的 29 个典型的花生品种，但在我国目前花生种植的品种中仍占比不高，且不同品种在生物学特性、力学特性方面差异较大，对脱壳作业质量影响较大，需要进一步扩大试验研究范围，完善花生数据库，为我国花生科研奠定坚实的基础。

（2）量化适于低损脱壳品种特征，使特征数字化、具体化

目前，本书仅定性提出了适于机械化低损脱壳的品种特征的选育方向，并未获取定量的具体数值。应持续深入开展相关研究，实现低损脱壳品种特征数字化、具体化，每个特征均可量化。在此基础上，系统全面考虑适于全程机械化生产的品种特征，权衡利弊、系统考虑，提出适于机械化收获、干燥、脱壳等各环节的品种特征，彻底解决农机农艺融合水平低的问题，促进我国花生产业高质量发展。

（3）开展花生种子脱壳技术研究，为种业发展提供支撑

种子是花生产业的基础性、战略性、核心资源，在保障产业健康发展方面至关重要。花生制种要求较高，需保证种胚、种皮完好无损，目前种子专用脱壳设备仍处于起步阶段，尚无优质高效的种用脱壳设备，致使我国花生制种主要依靠人工，效率低、成本高，与花生规模化种植、机械化播种技术完全脱节。因此，应在进一步优化脱壳工艺、降低脱壳损伤方面持续研究，破解我国花生制种装备发展的难题。

参考文献

陈明，2019. 花生在中国的引进与发展研究（1631—1949）[D]. 南京：南京农业大学 .

陈涛，衣淑娟，李衣菲，等，2023. 苜蓿现蕾期茎秆离散元模型建立与参数标定 [J]. 农业机械学报，54（5）：91-100.

陈志德，沈一，刘永惠，等，2014. 美国花生生产概况与研究动态 [J]. 中国油料作物学报，36（3）：430-436.

程显述，郑芝荣，姜国勇 . 花生荚果性状的定量化分析与标准评估 [J]. 青岛农业大学学报（社会科学版），1991（4）：264-268.

范永强，2014. 现代中国花生栽培 [M]. 济南：山东科学技术出版社 .

封海胜，1993. 花生育种与栽培 [M]. 北京：农业出版社 .

冯诗博，张剑波，2023. 2022 年油料油脂市场分析与 2023 年展望 [J]. 农业展望，19（2）：21-26.

高连兴，回子健，董华山，等，2016. 三滚式小区育种花生脱壳机设计与试验 [J]. 农业机械学报，47（7）：159-165.

高连兴，李心平，2012. 玉米种子脱粒损伤机理与脱粒设备研究 [M]. 北京：北京师范大学出版社 .

高学梅，2012. 打击揉搓式花生脱壳试验研究与关键部件优化设计 [D]. 北京：中国农业科学院 .

郝建军，聂庆亮，马璐萍，等，2020. 锥盘式花生种子脱壳装置研制 [J]. 农业工程学报，36（17）：27-34.

胡炼，关锦杰，何杰，等，2022. 花生收获机自动驾驶作业系统设计与试验 [J]. 农业机械学报，53（9）：21-27.

胡增民，2023. 全国人大代表孙东伟：大力发展花生产业有效降低油料作物进口依存度［N］. 粮油市场报，2023-03-11（B1）.

兰孝峰，2017. 花生脱壳机脱壳部件改进设计与试验研究［D］. 吉林：吉林农业大学 .

李洁明，祁新娥，2010. 统计学原理［M］. 上海：复旦大学出版社 .

梁建，陈聪，曹光乔，2014. 农机农艺融合理论方法与实现途径研究［J］. 中国农机化学报，35（3）：1-3，7.

梁炫强，周桂元，潘瑞炽，2003. 花生种皮蜡质和角质层与黄曲霉侵染和产毒的关系［J］. 热带亚热带植物学报，11（1）：11-14.

廖伯寿，2020. 我国花生生产发展现状与潜力分析［J］. 中国油料作物学报，42（2）：6.

刘红力，张永丽，高连兴，等，2006. 花生脱壳力学特性试验［J］. 沈阳农业大学学报（6）：900-902.

刘羊，宗望远，马丽娜，等，2020. 采用高速摄影技术测定油葵籽粒三维碰撞恢复系数［J］. 农业工程学报，36（4）：44-53.

陆荣，2020. 直立锥滚筒式花生脱壳机脱壳原理与关键技术研究［D］. 沈阳：沈阳农业大学 .

陆荣，高连兴，Chen Charles，等，2019. 美国花生脱壳加工技术特点及启示［J］. 农业工程学报，35（11）：287-298.

陆荣，高连兴，刘志侠，等，2020. 中国花生脱壳机技术发展现状与展望［J］. 沈阳农业大学学报，51（5）：124-133.

陆荣，刘志侠，高连兴，等，2020. 美国花生脱壳机研究现状及发展分析［J］. 华中农业大学学报，39（2）：170-180.

陆永光，吴努，林德志，等，2016. 花生籽粒恢复系数及摩擦系数研究［J］. 江苏农业科学，44（9）：386-390.

罗葆兴，李煜祥，温桂芳，等，1982. 花生荚果发育的形态解剖学研究［J］. 作物学报（4）：217-228.

罗锡文，2011. 对加速我国农业机械化发展的思考［J］. 农业工程，1（4）：1-8，56.

吕小莲，胡志超，于昭洋，等，2013. 花生籽粒几何尺寸及物理特性的研究［J］. 扬州大学学报（农业与生命科学版），34（3）：61-64.

田立权，李红阳，胡华东，等，2020. 同轴双滚筒联合收获机设计与试验［J］. 农业机械学报，51（S2）：139-146.

万书波，2003. 中国花生栽培学［M］. 上海：上海科学技术出版社 .

王冰，2018. 四行半喂入花生联合收获摘果机理与筛选特性研究［D］. 北京：中国农业科学院 .

王传堂，王志伟，王秀贞，等，2019. 6 个高油酸夏花生品种（系）机械化收获特性研究简［J］. 山东农业科学，51（1）：28-31.

王传堂，张建成，唐月异，等，2018. 中国高油酸花生育种现状与展望［J］. 山东农业科学，50（6）：6.

王建楠，谢焕雄，胡志超，等，2018. 滚筒凹板筛式花生脱壳机关键部件试验研究及参数优化［J］. 江苏农业科学，46（14）：191-196.

王建楠，谢焕雄，刘敏基，等，2012. 打击揉搓式花生脱壳设备作业质量制约因素与提升对策［J］. 中国农机化（1）：57-59，64.

王京，高连兴，刘志侠，等，2016. 典型品种花生米静压力学特性及有限元分析［J］. 沈阳农业大学学报，47（3）：307-313.

王强，2014. 花生深加工技术［M］. 北京：科学出版社 .

王瑞元，2020. 我国花生生产、加工及发展情况［J］. 中国油脂，45（4）：1-3.

王小纯，马新明，常思敏，等，2003. 不同花生品种荚果发育及有机物积累动态研究［J］. 中国油料作物学报，25（1）：37-39，44.

王延耀，1998. 气爆式花生脱壳性能的试验研究［J］. 农业工程学报，14（1）：222-227.

吴孟宸，丛锦玲，闫琴，等，2020. 花生种子颗粒离散元仿真参数标定与试验［J］. 农业工程学报，36（23）：30-38.

徐庆年，吴裕赓，方忠烈，1978. 花生荚果发育及其与积温关系的研究初报［J］. 花生科技（1）：30-34.

杨维忠，张甜，2022. SPSS 统计分析入门与应用精解［M］. 北京：清华大学

出版社 .
杨亚洲，顾炳龙，兰孝峰，等，2017. 基于 Design-Expert 的花生脱净率及破损率试验测试及分析［J］. 中国农机化学报，38（5）：32-35.
杨亚洲，刘姗姗，杨立权，2016. 花生荚果及花生仁力学特性试验研究［J］. 中国农机化学报，37（10）：108-111.
佚名，1958. 鼓风式脚踏花生脱壳机［J］. 中国农业科学（11）：567.
禹山林，2008. 中国花生品种及其系谱［M］. 上海：上海科学技术出版社 .
张嘉玉，连政国，1995. 橡胶滚筒橡胶直板脱壳装置工作过程的研究［J］. 莱阳农学院学报，12（2）：152-156.
张文彤，2017. SPSS 统计分析基础教程［M］. 3 版 . 北京：高等教育出版社 .
张效鹏，张嘉玉，1990. 花生脱壳机的不同部件对脱壳性能的影响［J］. 莱阳农学院学报，7（1）：4.
中国农业机械化科学研究院，2007. 农业机械设计手册［M］. 北京：中国农业科学技术出版社 .
周曙东，张新友，周力，等，2022. 中国花生产业技术经济分析［M］. 南京：东南大学出版社 .
朱红兵，朱一力，2023. SPSS 统计分析［M］. 6 版 . 北京：电子工业出版社 .
JB/T 5688.2—2007. 花生剥壳机　试验方法［S］. 北京：机械工业出版社 .